HARALD SEIZ

PIENSA EN GRANDE

HARALD SEIZ

PIENSA EN GRANDE

Cómo construir un imperio mundial a partir de una gran idea

FBV

Información bibliográfica de la Biblioteca Nacional Alemana
La Biblioteca Nacional Alemana registra esta publicación en la Bibliografía Nacional Alemana.
Los datos bibliográficos detallados se pueden consultar en Internet en http://dnb.d-nb.de.

Para preguntas y sugerencias:
info@finanzbuchverlag.de

2.ª edición 2020

Türkenstraße 89
80799 München
Tel.: 089 651285-0
Fax: 089 652096

Traducción: Kern AG, Sprachdienste
Redacción: Judith Engst
Diseño de la tapa: Karatbars, Manuela Amode
Ilustración de la tapa: CCO Creative Commons
Composición: Helmut Schaffer, Hofheim a. Ts.
Impresión: Este libro fue producido en forma impresa a pedido.

ISBN Print 978-3-89879-751-1
ISBN E-Book (PDF) 978-3-96092-733-4
ISBN E-Book (EPUB, Mobi) 978-3-96092-734-1

EL CONTENIDO

Prólogo

Todos comenzaron desde abajo. Las empresas que trabajan actualmente a nivel global fueron alguna vez empresas familiares que trabajaban a nivel local, o simplemente una idea ingeniosa en la mente de un hombre de negocios innovador. Pero precisamente con eso comienza todo. En la mente. Para el que tiene creatividad e inteligencia, ningún camino es demasiado largo, y el éxito no es una utopía. Esto es lo que quisiera mostrarle en este libro.

Quisiera mostrarle cómo se puede lograr no solo desarrollar una gran idea, sino también convertirla en hechos. Esto no siempre es fácil, en absoluto. Las resistencias son normales. El mundo es tan variado como los problemas que pueden esperarle en su camino hacia arriba. Aprietos financieros, pérdidas personales, críticas y reproches de amigos y socios. No hay nada que no exista cuando quiere recorrer el camino para llegar a ser un empresario exitoso. Pero estas resistencias no son obstáculos insuperables. Hay soluciones. Solamente hay que verlas. Usted puede convertir las resistencias en problemas, o bien considerarlas desafíos, una oportunidad de seguir desarrollando su persona y su propio proyecto. En eso consiste el espíritu de un emprendedor. Y he resumido cómo lograrlo en seis capítulos. Yo mismo he tenido que aceptar reveses y decepciones, tanto profesionales como privados. Pero he luchado, y he hecho con mi vida lo mejor que he podido. Lo que va a leer en este libro está basado en mi experiencia de vida. Son experiencias que me gustaría transmitirle para que usted pueda recorrer su camino, totalmente individual, orientado hacia su objetivo.

Porque estoy convencido: con una gran idea se pueden alcanzar cosas grandiosas. Desde la primera idea, pasando por la creación de la propia empresa, hasta la manera correcta de manejar el éxito que se va logrando, este libro representa un hilo conductor para su propia carrera hacia la independencia. Para una carrera que a veces puede parecer un recorrido por la cuerda floja. Entre las dudas y el éxito, la motivación y el estancamiento. No me interesan las ideas abstractas o las construcciones especulativas. La ciencia superior se la dejo tranquilamente a otros. Yo soy una persona práctica y, como tal, he escrito este libro. Cercano a la realidad, cercano a la vida. Con ejemplos y anécdotas personales quisiera invitarlo a llevar consigo todo lo necesario para hacer de una gran idea un imperio mundial. ¡En este sentido, le deseo una lectura emocionante y llena de aprendizaje!

PIENSA EN GRANDE

1.
«Hay que arder por aquello que queremos encender en otros.»

«De visionario a millonario» suena poco realista. Pero al principio de toda carrera exitosa se encuentra una visión. Un sueño y un plan de cómo quiere estructurar su vida. Mantener el propio objetivo en el punto de mira y seguirlo con perseverancia es lo que distingue a una persona que transforma su visión en éxito. Es como un capitán que guía su barco por tiempos tranquilos y tormentosos para llegar a su destino. La mirada dirigida a lo lejos, hacia las estrellas en el cielo, es como un indicador del camino, la propia intuición sirve de brújula interior. La primera vez que dejé vagar mi mirada hacia el futuro, solamente vi una inmensidad infinita. Pero incluso en esta enorme inmensidad, captaron mi atención los primeros puntos fijos, que más tarde se habrían de convertir en las columnas fundamentales de mi carrera. Mis «estrellas» eran tan distintas como auténticas. El Dr. Martin Luther King, con su famosa frase «I have a dream», tengo un sueño, me entusiasmó con su fuerza oratoria indomable y su impulso revolucionario de lograr un mundo mejor para sus connacionales. Él se atrevió a pronunciar abiertamente cosas que otros ni siquiera se atrevían a pensar. Él se puso en la cúspide de un movimiento, y se mantuvo fiel a él hasta el amargo final.

Lleno de convicción, luchó por su causa y, con ello, se inmortalizó en los corazones de incontables personas. Él movilizó enormes fuerzas sociales. Él es, como pocos, el ejemplo por excelencia de todo lo que se puede lograr con pasión y dando el alma por algo.

Martin Luther King ha dejado su huella en el país que hoy todavía disfruto recorriendo en mis viajes. A pesar de todas las reservas que se puedan tener en contra de los Estados Unidos en los tiempos de Trump y compañía, soy un gran entusiasta del estilo de vida estadounidense. El país respira el espíritu de la libertad y la independencia. Aún me gusta visitar los Estados Unidos, para descubrir al país y a su gente. Y así, mi segundo gran ídolo también es un estadounidense. Elvis Presley, el «Rey del Rock'n'Roll», con su voz sin duda grandiosa, me mostró cómo se pueden convertir los propios sueños en realidades con pasión y presencia. A pesar de que las condiciones en las que creció no fueron sencillas. Tuvo una infancia que fue todo lo contrario de despreocupada. Su hermano gemelo falleció ya al nacer, sus padres eran trabajadores agrícolas y textiles con un salario modesto. Y aunque no había mucho dinero para abundantes actividades recreativas, la familia del joven Elvis sí hizo lo mejor que pudo para aprovechar lo poco que tenía. Elvis creció en el pequeño pueblo de Tupelo, en Mississippi. Las novedades técnicas de la época todavía no habían llegado ahí. Casi nadie en Tupelo tenía una radio, ya no digamos un televisor. Y, sin embargo, la casa de los Presley era el epicentro de la diversión en las tardes. Porque, creativos como eran, los Presley se encargaban de proporcionar un entretenimiento regular con su coro de góspel. En medio de eso estaba el pequeño Elvis, que con su sonora voz se convirtió rápidamente en la atracción principal del pequeño pueblo y, más tarde, de todos los Estados Unidos.

De forma muy similar a Elvis, yo también me crie en un ambiente modesto. Nací en 1963 en Stuttgart, a la edad de tres años tuve que despedirme de mi padre, que se vio atraído de nuevo por su patria, Grecia. A pesar de tener a mi madre y a mi abuela a mi lado, pronto tuve que aprender a andar por mí mismo. Debido a las difíciles condiciones familiares, no fue un tiempo fácil para mí.

En los tiempos del patchwork y de las uniones libres de parejas, cuesta trabajo creer cuán diferente era la vida familiar en la provincia de Alemania Occidental en los años 60. Los papeles estampados, los muebles que ahora solo se encuentran en las tiendas retro y la clara idea de lo que era una «buena» familia era lo que marcaba a esta época. En los años 60, el modelo de la madre que educa ella sola a sus hijos no era de en absoluto normal. Todo lo contrario: las madres que educaban solas a sus hijos eran objeto de críticas, y su forma de vida se cuestionaba constantemente. Una y otra vez notaba el escepticismo con el que se veía a mi familia. Tan pequeño como era, sentía las miradas de los vecinos, notaba sus preguntas: ¿dónde está el marido? ¿Por qué abandonó a su mujer? ¿Cómo puede la madre encargarse ella sola de su hijo y trabajar al mismo tiempo sin descuidarlo? La Alemania Occidental de los años 60 que yo viví estaba marcada por una imagen conservadora de la familia, en la cual el padre era quien tenía que asumir la responsabilidad. Pero mi padre se había ido muy lejos. Si algo aprendí de esta época es que en su vida uno no puede depender de las opiniones de los otros. Sin importar lo aplastante que pueda ser la opinión de la mayoría, sin importar lo pesada que pueda ser la presión social para adaptarse: uno tiene que ser fiel a sí mismo. ¿Quién hubiera creído que el pequeño de la ciudad de Weil, el joven con orígenes migratorios y sin una figura paterna, habría sido capaz de dirigir alguna vez una empresa de varios millones? ¡Nadie! Y, sin embargo, lo logré, a pesar de todas las dificultades y dudas. Precisamente porque me mantuve en mi camino, ignorando todos los consejos y reproches. Y ese camino me condujo hacia la exitosa empresa que ahora dirijo.

Hubo suficientes obstáculos y dificultades en ese camino, tanto privados como profesionales. Y esto ya desde los primeros años. Tuve que aprender pronto a ser independiente. La clásica división del trabajo familiar, con el padre como «proveedor» y la madre que prodiga sus cuidados a los hijos, que era habitual en las condiciones de aquel tiempo, no existía con nosotros. Tanto mi madre como mi abuela trabajaban en una fábrica cercana para asegurar nuestro mantenimiento. Guardaban cada centavo, lo pensaban dos veces antes de gastar cada moneda. El trabajo a destajo no les dejaba mucho tiempo para ocuparse de mí, así que me enviaron a una guardería a Leonberg, una pequeña y apacible ciudad cerca de Stuttgart. Cada día de la semana tomábamos el primer tren a las 5:30. Mientras que la mayoría de los demás niños todavía estaban profundamente sumidos en sus sueños, yo ya estaba listo. Y estaba radiante. Estaba listo para salir. Quería descubrir el mundo y experimentar cosas. Es una curiosidad que hasta el día de hoy me impulsa una y otra vez hacia nuevos derroteros.

Esta curiosidad habría de recibir nuevos alimentos cuando entré a la escuela a los seis años. Yo esperaba mucho de la escuela, y quería aprender cosas nuevas, pero en absoluto fue todo como la seda. Todo comenzó cuando tuve que comprobar, tras unos pocos días de escuela, que no podía ver bien las letras en la pizarra. Se desdibujaban ante mis ojos para convertirse en una masa blanca ilegible sobre un fondo verde. Desde entonces, y tras hacer una breve visita al oculista, quedó claro: necesitaba gafas. Pero no me dieron unas gafas normales. No, yo llevaba unas gafas literalmente de cristal blindado. Los cristales eran más gruesos de lo que le hubiera podido convenir a mi apariencia. Y antes de darme cuenta, ya solo me conocían en la clase como el «cuatro ojos». Ya de camino a la escuela empezaba la cantaleta. Los otros niños me gritaban por detrás: «¡cuatro ojos, cuatro ojos! ¿Qué, ya has limpiado bien las gafas?». Nadie quería jugar conmigo. Cuando le pregunté a un compañero de clase si quería hacer algo conmigo, solo me contestó: «primero aprende a ver bien.» En el patio de la escuela y en el aula seguían las burlas. Al principio, los profesores todavía intentaban defenderme del acoso. Pero en cuanto le daban la espalda a la clase, o si no estaban cerca en ese momento, comenzaba de nuevo: «¡cuatro ojos, cuatro ojos!». Los niños pueden ser muy crueles.

Con ello, mi situación en la escuela era todo menos envidiable. Se podría decir: «Bueno, por lo menos el niño podía sacar fuerzas del círculo más íntimo de la familia.» En parte, era verdad. Sin embargo, en casa me esperaban algunos problemas con los cuales tuve que lidiar pronto.

Ya desde pequeño noté que había algo raro en mi madre y en mi abuela. Un día celebraban muy contentas, estaban realmente eufóricas, sin que desde mi punto de vista hubiera pasado nada especial. Al día siguiente se quedaban acostadas en la cama, sin fuerzas, cansadas y con «resaca». Con trabajo se podía lograr que se levantaran. Al principio no podía explicarme sus cambios de humor. Simplemente, era demasiado joven para estas cosas. Pero después comprendí que era el alcohol. Pero ¿por qué habían empezado ambas a beber demasiado?

Ambas, tanto mi madre como mi abuela, tenían que cargar con sus penas, con vivencias que realmente nunca pudieron procesar. Durante la Segunda Guerra Mundial, mi abuela había tenido una relación amorosa. Después, su hombre se separó de ella cuando terminó la guerra. A mi madre también la abandonaron. La abandonó mi padre, del cual no sé nada hasta ahora. Todo esto dejó huellas en ambas. Reprimieron lo que les había sucedido. Y encontraron consuelo en el alcohol. Me acuerdo de que iba a traerles la cerveza, que una vez bebieron sin parar dos meses seguidos. Una vez llegué a la casa y encontré a mi madre tirada en el suelo. Estaba ahí tirada, inmóvil, y balbucía sonidos incomprensibles. De la cabeza le estaba saliendo sangre. Fui presa del pánico. ¿Qué había pasado? Tenía un miedo mortal. Miedo de que mi madre se muriera. Pedí ayuda. Pero mi voz se extinguió sin que me escucharan. Seguí gritando: «¡Auxilio, auxilio, mi madre...!» Comencé a gritar, y poco antes de pensar que finalmente me iba a fallar la voz de tanto gritar, llamaron a la puerta. Corrí a la entrada y abrí. Ahí estaba nuestro vecino. De inmediato miré su rostro aterrado: «¿Qué pasa?» Le mostré a mi madre. Reaccionó de inmediato, y no pasó mucho tiempo hasta que se aproximaron las sirenas de la primera ambulancia. Llevaron a mi madre al hospital. Tuve mucho miedo, me puse a rezar, tenía la esperanza de que todo se iba a arreglar. Y tuve suerte. Mi madre sobrevivió. Pero este acontecimiento me había marcado ya profundamente. En la escuela me costaba trabajo concentrarme. Siempre pensaba en lo que había pasado en casa, y una y otra vez me preguntaba si mi madre estaría bien. Esta incertidumbre me desgastaba, me distraía. Si alguna vez conseguía concentrarme en las materias de la escuela, de nuevo me arrancaban de ahí con las burlas, los comentarios y las ofensas de mis compañeros. ¡Era un horror!

Pero, por malo que fuera, por extrema que se presentara la situación en mi interior, mis desafíos me hicieron crecer, y aprendí a concentrarme en las partes positivas de la vida. Me di cuenta de las casi innumerables posibilidades que la vida nos depara. Aun cuando externamente no tenía muchas cosas cuando era niño, sí guardaba en mi interior un verdadero tesoro. Con mi fantasía, mi pasión y mi gran espíritu emprendedor quería transformar el mundo, ir siempre un paso más allá, no detenerme hasta que mis sueños se hubieran vuelto realidad, como con mis ídolos de los Estados Unidos. Para eso no se necesita una inmensa fortuna. Todo lo que necesitaba ya lo tenía en mí. Hay que creer en uno mismo, tener valor, aunque haya reveses. El camino desde muy abajo hasta muy arriba no es una utopía. Pero tampoco es una vía recta en una sola dirección, sin tráfico en contra. A veces se siente como si se tuviera que escalar una cima de los Alpes, a veces parece que el bosque de reglamentos fuera impenetrable. Pero estos tiempos pasan. Y al mismo tiempo, representan un enriquecimiento.

Cuando mi madre conoció al que después fue mi padrastro, llegó algo más de estabilidad a nuestra vida. Como yo, también él tenía un pasado de migración, había huido de su patria, Checoslovaquia, a Alemania Occidental. Como tantos otros, buscaba mejores ingresos y más libertad. No había venido solo a Alemania. Con él habían venido sus padres y sus tres hermanos. Todos eran muy trabajadores, y mantenían funcionando un negocio propio. Mi padrastro mismo era pintor, y siempre tenía mucho que hacer. Se benefició del crecimiento económico de Alemania. En todos lados, sobre todo en nuestro estado de Baden-Württemberg, se construía y renovaba todo lo que se podía. Si bien esto no supuso para mi familia unos ingresos opulentos, sí eran unos ingresos seguros. Acorde con las nuevas condiciones familiares, también conseguimos un nuevo alojamiento. Y es que mi padrastro compró junto con su hermano una casa en Gerlingen, no lejos de nuestro antiguo hogar. Cada domingo hacíamos excursiones juntos por los alrededores. Explorábamos la región, disfrutábamos juntos de la naturaleza. Los anchos campos, las copas de los árboles magníficamente verdes, la luz que caía en los senderos: todo esto lo recuerdo como momentos felices de mi infancia. ¡Cuánta magnificencia y belleza se esconde en estas vivencias, aparentemente sencillas! Era casi incapaz de creerlo.

También en la escuela las cosas iban un poco mejor. Es cierto que me seguían fastidiando: los cristales de mis gafas seguían pareciendo más bien gruesos vidrios de ventanas, por lo que mi apariencia seguía sufriendo. Peor hubo un cambio decisivo, pues encontré un muy buen amigo llamado Wolfgang. Y con ello, muchas cosas se hicieron más fáciles. Él era el único de mi clase al que no le importaba mi apariencia. Todavía recuerdo cómo se me acercaba durante el recreo, sin reservas, sin rechazo. Intercambiábamos un par de frases, comenzábamos a jugar juntos y, con cada día que pasaba en nuestra amistad, nos entendíamos mejor, y poco a poco nos convertimos en verdaderos buenos amigos. Las risas burlonas de los demás ya no me interesaban. Tenía un compañero a mi lado. Alguien que me aceptaba como yo era. Alguien que realmente era importante para mí. Los demás solo querían hacerse los importantes, lanzándose sobre el que supuestamente era el más débil. Pero lo más importante era: ya no estaba solo. Por importante que sea que uno obtenga la fuerza de sí mismo para recorrer su propio camino, no se puede lograr todo solo. Se necesitan compañeros de camino, apoyos, socios comerciales con los que trabajar conjuntamente en la realización de sus objetivos. Esta experiencia la hice por primera vez en la escuela primaria, y a través de toda mi carrera ha seguido siendo muy valiosa para mí hasta el día de hoy. Wolfgang creía en mí y en mis capacidades. Y también yo descubrí algunos talentos en mí. A los 15 años imité, con una buena porción de confianza en mí mismo, a mi ídolo Elvis en un espectáculo en mi discoteca preferida. Y Wolfgang fue quien me dio esa oportunidad. Él había echado un papel con mi nombre en la tómbola. Y cuando finalmente fui seleccionado, ya nada me detuvo. Quería mostrar lo que podía hacer. De manera despectiva se podría decir que era un loco del escenario. Expresado de otra manera, mi resolución también era la expresión de la recién adquirida confianza en mí mismo. Ya no iban a dirigir mis acciones el miedo y las dudas, sino el valor y el optimismo. Para mí, esta vivencia fue la apertura de una puerta a posibilidades que no imaginaba, una explosión que liberó fuerzas en mí que antes solo había podido entrever. Algo sorprendidos al principio, los presentes frente al escenario me aclamaron vivamente tras el espectáculo. Esta experiencia me inspiró muchísimo. Al hacer algo de lo que estaba sinceramente convencido, podía entusiasmar a otros. Tal vez no era el cantante con más talento. Al contrario: estaba muy lejos de poder competir seriamente con el «Rey del Rock'n'Roll». Pero había puesto todo mi entusiasmo en esta actuación. Sin dudas y sin falsa modestia. Aunque pensemos tanto en lo que los demás podrían pensar de nosotros, a veces simplemente tenemos que seguir a nuestra inspiración para avanzar en la vida. Claro, los demás asistentes a la discoteca también podían haberme abucheado y devolverme al duro suelo de la realidad si no los hubiera convencido. Pero no intentarlo por eso no era una opción, y hasta ahora no lo es. Cualquiera que hable en subjuntivo y no realice nada de lo que dice, se pierde las mejores oportunidades de la vida, y al final se queda viendo cómo los demás siguen su camino. Pero ser siempre solo un espectador, estar siempre en la segunda fila, no puede llevar a nadie a lograr su objetivo. El «sueño americano» se vuelve realidad para todos aquellos que reconocen sus potenciales.

Con la convicción adecuada también se convence a otros: esto es lo que me quedó claro esa noche. Y lo mejor fue que no solamente yo me divertí, sino que todos estaban de buen humor tras el sorprendente espectáculo: una situación en la que todos ganan.

Lo que logré aquella noche se habría de convertir en el lema de mi vida: hacer algo bueno para los demás se convirtió en el objetivo de mi vida. Hacer todavía un poco más bella mi propia vida, y sobre todo las de mis semejantes mediante una buena idea: ese era mi sueño.

Había aceptado que había compañeros de escuela que tal vez tenían menos dificultades en sus familias, que tal vez recibían más apoyo, a los que se les hacía más fácil encontrar su camino.

Pero no por eso quería dejarme quitar la oportunidad de tomar las riendas de mi vida y hacerme responsable de mis convicciones. En el escenario había sentido que la gente no pregunta de dónde vienes. Lo que le interesa es quién eres y si apoyas totalmente lo que haces. Por un momento olvidé los problemas en la escuela y en la familia. Solo me sentía a mí mismo y a mi voz. Cuando salieron las primeras notas de los altavoces y yo elevé mi voz, me sentí liberado. Liberado del lastre que pesaba sobre mis hombros. Lleno de fuerza y energía. Solo pensaba: ¡ahora es el momento! Ahora puedes darlo todo, mostrar todo lo que tienes dentro.

Porque todos nosotros tenemos un gran regalo en nosotros que deberíamos apreciar. Una fábrica de pensamientos e ideas, y también de la razón: nuestro cerebro. Aprovechar este regalo para el bien de todos es mi mayor máxima. Pero sería muy sencillo borrar de golpe todas las diferencias familiares que había entre mis compañeros y yo, como si nunca hubieran existido. No, mi familia me marcó, y yo aprendí algunas cosas de ella. Ya sea voluntaria o involuntariamente: el alcoholismo de mi madre y el rigor de mi padrastro, todas estas vivencias me han formado. Como si hubiera estado hasta el día de ayer bajo sus cuidados, todavía me acuerdo muy bien del estricto régimen de mi padrastro. A las 20:00 horas en punto tenía que estar en la cama. Solo el fin de semana podía quedarme despierto una triste hora más. No podía ver las películas más emocionantes hasta el final. Claro que me quejaba, lloraba y gritaba también algunas veces de pura rabia y decepción. Pero sin importar lo que organizara, mi padrastro seguía fiel a su línea. Para mí, esto fue muy duro. Pero a pesar de eso, muy lentamente se fue desarrollando algo valioso por la estricta educación. Yo adquirí una estructura en mi vida cotidiana, la cual me daba el apoyo que antes no había tenido.

Porque, a diferencia de muchos otros jóvenes de mi generación, yo desarrollé un marcado anhelo de seguridad. El que depende mucho de él solo, también siente más rápido que otros cuando las cosas no van bien. No hay nadie que se haga responsable de ti y que dé la cara por ti, nadie que te reemplace cuando las cosas se ponen difíciles. Nada pone esto más en claro que un viejo dicho alemán que se me quedó grabado durante mi juventud: «Hay que comerse la sopa que uno mismo se ha cocinado.» Por doloroso que pueda ser en ocasiones, es una experiencia muy instructiva que no puede sustituirse y que marca tanto que puede conducir el propio camino de la vida hacia derroteros completamente nuevos. En mi caso, estos derroteros fueron la necesidad de seguridad. Yo quería estar preparado para el worst case, el peor de los casos, quería conseguir una red segura en caso de que todo saliera realmente mal.

Y no tardó mucho en volver a salir todo mal. A saber, para mi hermana pequeña, que llegó cuando yo tenía doce años y con la que desde siempre he cultivado una relación especial y fantástica. Un día, regresando de la escuela a la casa, escuché toser a mi hermana, que por aquel entonces tenía un año. No una vez, no dos veces, sino sin parar, parecía un ladrido. De inmediato me di cuenta de que algo no iba bien con ella. No se había atragantado, ni tampoco tenía un simple resfriado. Mi madre, probablemente alcoholizada, estaba junto a ella, y solo le preguntó: «¿Qué te pasa?» ¿Realmente esperaba una respuesta? En ese momento me quedó claro que yo tenía que asumir la responsabilidad. En ese momento, yo era el único con la cabeza fría. Tomé la iniciativa y llamé de inmediato a mi padrastro. «Tienes que venir de inmediato. Andrea no está bien. Por suerte, mi padrastro no se hizo esperar mucho tiempo. Tomamos a mi hermana y fuimos de inmediato en dirección al hospital. De camino hacia allá, sentía como cada vez le faltaba más el aire. La sujetaba en mis brazos y miraba fijamente sus grandes ojos. Una mirada tan sincera, tan libre, tan inocente. ¡Este pequeño ser humano no podía morir! Sus respiraciones se iban distanciado cada vez más, su aliento se iba haciendo cada vez más débil. Sentía cómo luchaba por su vida, y se me saltaron las lágrimas. Una tras otra iban cayendo de mi mejilla sobre su pequeño y tierno rostro. Con el valor de la desesperación, le grité a mi padrastro: «¡Ve más rápido!» Creo que nunca en mi vida he vuelto a tener tanto miedo de perder a una persona. Ese pequeño ser humano inocente era el que menos se merecía morir tan pronto. Y por suerte, todo salió de otra manera. Al llegar al hospital, nos recibieron los médicos. Todo pasó muy rápido y, sin embargo, la espera se me hizo eterna. Los segundos hasta que llegó el diagnóstico salvador fueron pesados como el plomo. Sentía la locura de mi pulso, y en mi cabeza se agolpaban los pensamientos. ¿Sobreviviría? ¿Habíamos actuado a tiempo? ¿Podría volver a mirarla a los ojos, verla de nuevo reír, jugar? Y entonces, por fin. Cuando se abrió la puerta del consultorio y salió el médico con una sonrisa en los labios, se liberó toda mi tensión. ¡Por fin! Mi hermana sobreviviría. Pero sin nuestra, sin mi intervención, seguramente hubiera sido demasiado tarde.

Aunque este acontecimiento tal vez pueda dar la impresión de que mi padrastro y yo formábamos un buen equipo, la mayor parte de las veces más bien era todo lo contrario. Claro, en situaciones extremas, en situaciones en las cuales se trataba de vida o muerte, estábamos juntos. Pero el día a día era totalmente diferente. Cuando tuve en mis manos el graduado escolar, mi familia me presionó de inmediato para que comenzara un aprendizaje laboral. Yo estaba indeciso, no sabía qué quería, y finalmente cedí a la presión. Comencé mi periodo como aprendiz con un fabricante de bolsas. Producíamos bolsas de alto nivel para gustos especiales de los clientes. Sin duda eran bellos productos, exactamente del estilo de la época, pero me di cuenta de inmediato que este trabajo no me iba. Aun así, intenté dominarlo tan bien como me era posible, pero mi instructor de entonces no notaba mis esfuerzos. No se daba cuenta en absoluto de cuánto invertía yo en la formación. En lugar de eso, me criticaba todo el tiempo, me dictaba siempre nuevas prescripciones, y siempre encontraba algo que reprocharme. Yo estaba totalmente confuso. ¿Debía continuar? ¿Debía abandonar? ¿Qué pasaría entonces conmigo? Sentía que podía hacer más que solo servir obedeciendo órdenes. Tenía que emanciparme. Un par de días más tarde, de nuevo había tenido que soportar duras críticas, le revelé mis planes a mi jefe: «Me voy.» – «Usted no va a ninguna parte.» Yo ya esperaba una respuesta de ese tipo, y le respondí, ahora ya totalmente decidido: «Me voy. Para siempre.» Como era de esperarse, mi familia no encajó bien mi decisión. Todos se preocuparon, me preguntaban que iba a ser de mí. Pero yo sabía que tenía que seguir avanzando. Me faltaba la sensibilidad artesanal, y la monotonía del proceso de producción, siempre igual, me hacía sentir apático. No podía quedarme ahí. Y así, seguí avanzando.

Habrían de seguir otros dos intentos de formación hasta que finalmente encontré el camino hacia el sector financiero. Mi segunda estación, la formación como panadero, no fue especialmente fructífera y tras pocos meses había terminado para mí. Hice un último intento en esa dirección al comenzar una formación como pintor. Mi padrastro me había dado la idea. Pero tampoco ahí encontré una motivación. Mi pasión, y eso lo sentía cada vez más claramente con cada formación fracasada, estaba en otro lado. Y solo ahí donde pudiera desplegar mi pasión, tenía una oportunidad de tener éxito. Por más que me esforzaba, la mayor emoción, el mayor elogio que me hizo mi padrastro por mi trabajo de pintor fue una simple frase: «Puede quedar así.» Con esta mediocridad no quería darme por satisfecho. Tenía que haber algo en lo cual yo pudiera destacar, en lo cual pudiera utilizar mis capacidades, mi forma de ser, de una manera más productiva.

Lo primero que necesitaba para ello era la libertad, era la independencia. Me di cuenta de que, bajo la carga de las reglas y las instrucciones, no podía encontrar mis propias fortalezas. Necesitaba libertad de movimiento para mi espíritu, para nuevos planes.

Empecé desde abajo como proveedor de bebidas en Gerlingen, una pequeña ciudad cerca de Stuttgart. No ganaba mucho. Pero era libre. En mi cabina de conductor no había ningún jefe que me dijera lo que tenía que hacer o dejar de hacer. Exactamente eso era lo que me hacía muchísimo bien. Yo amaba mi autonomía recién conquistada, el sentimiento de tomar mi vida de nuevo en mis manos. Pero a la larga no iba a llegar muy lejos con este trabajo. El sueldo era demasiado bajo, apenas llegaba a los 800 marcos al mes. Así que finalmente pasé del sueldo fijo al modelo de comisiones. Un colega me habló de la posibilidad de mejorar mi sueldo notablemente como vendedor de aspiradoras a comisión. Y así sucedió. En Vorwerk descubrí mi talento comercial. Como consultor, pronto estaba vendiendo ya 20 aspiradoras por semana. Pero también aquí se me fijaban límites. A fin de cuentas, un día laboral solo tiene diez horas de trabajo efectivas. No era suficiente para algo realmente grande. Y así llegué finalmente a la mercadotecnia multinivel y al sector financiero. Aquí había potencial para más.

Todo el mundo tiene una necesidad de seguridad. Precisamente por eso las personas comenzaron a organizarse en comunidades. Con ello querían darse mutuamente protección ante los peligros exteriores. Con el dinero no es distinto. Y es que la seguridad en el capitalismo también significa seguridad financiera. El que alguna vez haya sentido cómo le quitan el suelo bajo sus pies cuando todos sus ahorros desaparecen de golpe, quiere buscar una seguridad para el futuro. El que busca el dinero rápido sin tener un fundamento financiero asegurado, puede quedarse de pronto sin un solo centavo. La crisis financiera de 2008 lo ha demostrado de manera impresionante.

Ayudar a las personas a invertir su dinero de forma segura y al mismo tiempo sosteniblemente lucrativa se convirtió en mi vocación durante mi formación como asesor financiero. Para mí personalmente fue una época por la que ahora estoy especialmente agradecido. En esos años aprendí a manejar con responsabilidad el dinero y el patrimonio de otras personas. Saber que su dinero está en las manos correctas, poder tener confianza en su asesor: esas son para mí hasta el día de hoy las condiciones necesarias para una inversión exitosa. Entre el cliente y el asesor debe haber franqueza y honestidad. Por desgracia, en el mercado financiero esto no siempre se da. Es una situación que lamento mucho. Por eso, hasta el día de hoy, en mi empresa le doy un gran valor a una atención al cliente de alto nivel. Sin una confianza mutua no funciona, ni en la familia ni tampoco en los negocios. Por ello, desde siempre he cultivado un contacto personal y abierto con mis clientes, cuyas necesidades me tomo muy en serio. Porque mucho de lo que decimos no solamente lo decimos con palabras. Todo nuestro cuerpo habla. Nuestra actitud muestra lo sinceros que somos. Nuestros ojos no son solo el proverbial espejo de nuestra alma, sino también la expresión de nuestra pasión. Mis capacidades musicales podrán no ser ni de lejos las de un «Rey del Rock'n'Roll» pero, no obstante, y de ello estoy convencido, se me notaba mi alegría cuando estaba cantando. En el momento decisivo, yo era Elvis: al cien por cien. La fe mueve montañas. Ella nos da la fuerza para no perder de vista la gran totalidad, y nos da la confianza en nosotros mismos para convertir nuestros sueños en realidad.

Desde antes de mi época en el sector financiero ya me encantaba el intercambio sincero y cordial con los demás. Ya fuera entre camaradas, en la familia o más tarde en el trabajo: me interesaba lo que movía a los demás, qué era lo que buscaban alcanzar, cómo veían el mundo.

Después, en el camino de mi carrera conseguí la base profesional y financiera para mi posterior independencia. Aquel tiempo constituyó en todos sentidos el fundamento, los cimientos sobre los cuales pude construir piedra por piedra, ladrillo por ladrillo, mi casa, mi proyecto. Una casa que da seguridad, que protege del viento y de las inclemencias del tiempo, pero también una casa en la cual puedo dar la bienvenida a las personas. Para el joven Harald Seiz que era yo entonces, esta casa encarnaba la promesa de seguridad que yo tanto anhelaba, pero también era un tentador proyecto, un desafío, para averiguar lo que tenía dentro de mí.

Después de un cierto tiempo en el sector financiero, con todas sus subidas y bajadas, descubrí una nueva faceta en mí. Ya no quería ser un pequeño engranaje en la gran maquinaria. Quería desarrollar ideas propias y hacer avanzar al mundo mediante la innovación. Como los primeros emigrantes europeos en el continente americano, ansiaba libertad e independencia. Así como ellos tuvieron que cruzar con esfuerzo el Atlántico, yo tenía que superar mis obstáculos internos y externos para encontrarme a mí mismo y a mi energía empresarial. Su objetivo era el país de las posibilidades ilimitadas. Mi objetivo era aprovechar las posibilidades que se me ofrecían. Como los primeros buscadores de oro, con su esperanza de riqueza y bienestar, yo necesitaba una idea brillante y que la persona adecuada me echara una mano para convertirla en realidad. Pronto me di cuenta de que tenía que salir de los senderos ya muy recorridos de mis predecesores para crear algo nuevo. No podía permanecer más tiempo trotando en la rutina cotidiana, sino que tenía que encontrar mi propio ritmo. Quería trabajar de forma más dinámica, más variada, más creativa. Solo así podría extraer todo lo que tenía en mi interior. Crear a partir de mi vida una sinfonía con todos sus tonos intermedios en lugar de tocar siempre la misma melodía, esta era mi misión.

A pesar de todas las comodidades del trabajo cotidiano regulado, me di cuenta de una cosa: lo que me había bastado en los primeros años de mi profesión, la seguridad y el entorno familiar, se había convertido en una jaula de oro de la cual tenía que escapar. El impulso de ponerme a prueba y dejar en el mundo algo propio de valor era tan grande que ya no estaba dispuesto a posponer por más tiempo el paso para convertirme en un empresario. Me había transformado. En mi carácter, pero también por mi experiencia profesional. Desarrollé un instinto para las necesidades de los clientes, para los nichos de mercado en la oferta de bancos y administradores de fondos de inversiones Aprovechar estos nichos era para mí un incentivo y un desafío al mismo tiempo. No sabía si iba a ser capaz de desarrollar un concepto que aventajara en algo a la gran cantidad de posibilidades de inversión. Pero abandonar la idea de inmediato por ello no era una opción. Quería aceptar el reto, porque sabía que los demás productos de inversión tenían debilidades y desventajas que yo podía compensar con un concepto propio. Pero necesitaba algo más que solo un relleno de carencias. Necesitaba una idea brillante, una idea que me entusiasmara primero a mí y luego también a otras personas, que se extendiera como un reguero de pólvora porque estuviera bien meditada y presentada de forma impactante.

Tener una buena idea es una cosa, pero poder mostrar también su valor agregado es otra muy diferente. Cuántas ideas en parte revolucionarias caen en el olvido, cuántos conceptos desaparecen otra vez en el cajón porque simplemente no encontraron partidarios. ¿Qué sería Karl Marx sin su promotor y publicista Friedrich Engels? ¿Qué sería un artista sin galeristas, sin un museo y sin una exposición? Un excéntrico solitario, que desaparece de nuevo tan rápido como llegó. El éxito sostenible únicamente es posible mediante la presencia pública. Y para esta presencia, esto lo sabía, eran indispensables una apariencia atractiva y una empresa con un fuerte perfil. Pero antes de poder ponerme a pensar en la mercadotecnia, tenía que poner de relieve el mensaje, el rendimiento, el valor agregado que debía tener mi proyecto para sus compradores. Por lo tanto, la pregunta decisiva era: ¿cómo podría lograrse asegurar a las personas a largo plazo y de forma sostenible para el futuro?

La respuesta a esta pregunta era tan simple como concisa: oro. Desde hace ya varios siglos, el hombre se ha entusiasmado por el oro. Ya sea en las historias de marineros en las que se habla de los tesoros de los piratas, o en las leyendas de las cuevas doradas: en todos lados se encuentra el oro en la literatura como expresión del bienestar y la felicidad. Ya desde pequeña, mucha gente escucha la historia de Rumpelstiltskin, que podía convertir la paja en oro. Una idea maravillosa y también enigmática. Desde siempre, el oro ha sido objeto del deseo, el símbolo por excelencia de la riqueza y el bienestar. Pero haber visto alguna vez el oro puro con sus propios ojos, ya no digamos haberlo tenido en las manos, es algo que no todas las personas pueden afirmar haber hecho.

En los mercados financieros, el oro, como una referencia importante y estable, desempeña un papel inmensamente importante. Por ello, tampoco es de sorprender que el valioso metal precioso no haya quedado ignorado en la política financiera mundial. Desde los acuerdos de Bretton Woods, el oro constituyó la base del cálculo del valor del dólar. Con la cancelación del acuerdo a principios de los años 70, se abandonó esa vinculación. Desde entonces, nuestro dinero es sobre todo una cosa: una promesa de pago ficticia de los Estados. Una promesa que nos exige confianza, confianza en los políticos y en los dirigentes del Estado, que muchas veces apenas conocemos y que en tiempos de crisis enfrentan la dinámica propia de los mercados financieros globales con tanta impotencia como nosotros mismos.

Para mí, el oro era la respuesta, la alternativa a la confianza ciega que debemos poner en los procesos poco transparentes de la política y de los mercados financieros, un medio para asegurar a los clientes de manera estable ante las fluctuaciones inflacionarias y las crisis, un honesto portador del valor que solo promete lo que realmente tiene en sí mismo.

El desafío para mí consistía en trasladar estos conocimientos a una idea de negocio practicable que pudiera funcionar. Es cierto que una idea abstracta es un buen principio, pero yo solamente podía arder por un proyecto concreto. Una visión es importante, pero no menos importante es también hacer que a esta visión le sigan los hechos. Construir una empresa que ofreciera a las personas soluciones visibles y concretas era la etapa decisiva que tenía que atacar. Apenas me encontraba a los pies de una montaña cuya cúspide todavía no podía ver. Aún no tenía claro lo que me esperaría durante la ascensión, pero estaba firmemente decidido a escalar la cima.

Y para eso me beneficiaron especialmente las experiencias que había hecho en mi infancia. Construir algo que tuviera solidez, que encarnara la seguridad y la estabilidad, era una tarea que había tenido que plantearme una y otra vez. En mis primeras elucubraciones solo había puesto unos vagos cimientos, mi proyecto todavía no tenía contornos claros. Construir a partir de eso una obra maestra de la arquitectura era la verdadera hazaña y el centro de mi misión. Tenía claro que el oro, a diferencia del dinero en efectivo, no depende de la simple promesa de valor de algunos Estados, sino que se comerciaba en los mercados de una manera mucho más continua. ¿Cómo sería desarrollar un producto que ya no se basara solamente en la buena voluntad de un Estado, sino que albergara en sí mismo un valor? Había nacido la idea de la GoldCard. Desde entonces, unos pequeños lingotes de oro incrustados, de uno a cinco gramos, son el sello distintivo de Karatbars, esa empresa que finalmente fundé en el año 2011.

Debido a esta idea, algunos me tachan de rebelde del sector financiero. No estoy armado en las barricadas, ni manchado de sangre y sudor en el primer frente de las luchas políticas fundamentalistas, como tal vez uno se imagina a un auténtico rebelde. Tampoco quisiera hacer eso, porque no tengo intención de imponer nada a nadie. Demasiado distintos son los intereses de las personas, demasiado distintas son sus opiniones sobre nuestro mundo. Pero, sin embargo, no puedo negar que la imagen del rebelde sí tiene un cierto contenido de verdad. Porque yo también tengo una consigna. Y aunque no luche contra el sistema, sí me esfuerzo en transformarlo con mis ideas para convertirlo en algo mejor. Soy lo suficientemente realista como para darme cuenta de que no puedo cambiar todo el sistema por completo. Pero para tener éxito, tampoco es necesario inventar la rueda de nuevo. La mayoría de las buenas ideas no surgen en el vacío. Se basan en lo que han logrado nuestros antecesores, se enlazan con las ideas de las generaciones anteriores y de esta manera logran el progreso social. Cada nuevo invento es casi siempre solo un pequeño paso, pero también con muchos pequeños pasos uno se va acercando a su objetivo. Muchas veces esto sucede incluso más rápido de lo que se cree al principio. Hay que ser paciente, perseverar y no abandonar la visión propia. No aporta nada hacer grandes discursos un día si no se está dispuesto a convertir en realidad lo que se ha dicho en los incontables días y noches siguientes de pesado trabajo meticuloso. Poder llegar hasta los límites propios, aun cuando a veces duela, es una virtud imprescindible. Como un deportista que se prepara durante años para una competición, un empresario también debe darlo todo de sí mismo. Si se quiere, la construcción y el desarrollo posterior de Karatbars fueron y son mi disciplina olímpica. El agradecimiento y la aprobación de mis clientes es el trofeo, el premio, la medalla de oro por la que trabajo constantemente hasta ahora.

En todos los rincones hay potencial para mejorar nuestra vida. Con Karatbars organicé un pequeño levantamiento contra una tendencia de especulación cada vez más efímera. La abrumadora demanda de las GoldCards me mostró que de ninguna forma estaba solo con mi idea. Hay muchas personas, repartidas por todo el mundo, que forman parte de esta idea. Han reconocido su valor y quieren aprovecharlo para ellos. Una sola voz pronto se desvanece en el silencio, pero una consigna sostenida por todo un coro sigue resonando por mucho tiempo. Este coro no podría estar constituido de forma más variada. En más de 120 países, las personas están invirtiendo en Karatbars. Hablan cientos de idiomas diferentes y cultivan las más diversas formas de vida y culturas, pero a todas ellas les une el compromiso por Karatbars. Esta idea los une, les asegura un bienestar sostenible y unos cimientos financieros que sobreviven a las crisis. El interés y el apoyo que he experimentado con Karatbars son enormes. Esto me muestra lo convencidas que están muchas personas de esta idea. Actualmente me encuentro con clientes en todo el mundo, y estoy orgulloso de ver con qué actitud abierta y entusiasmo estas personas reciben a Karatbars. Inimaginable si tenemos en cuenta que en 2011 mi empresa todavía era absolutamente desconocida. Pero la pasión por este proyecto fue entonces, como lo es ahora, el motor, y hasta el día de hoy ha seguido siendo el garante del éxito de lo que entonces se creó. Solo con la pasión al cien por cien que me llevó a la fundación de Karatbars pude ganarme para el proyecto a las personas más distintas en todo el mundo. Y es que, por diferentes que sean los idiomas y las culturas en el mundo, los signos de la pasión y el compromiso son universales.

Es posible que para ser el típico rebelde ya esté un poco viejo, pero la decisión de darle vida a Karatbars está basada precisamente en las experiencias que he vivido en casi tres décadas con todos los altibajos profesionales y privados de mi vida, experiencias que me aportaron la certeza de querer facilitarles las cosas a los demás precisamente en el área en la que lo puedo hacer de la mejor manera. La decisión al respecto, y con ello la de constituir Karatbars, fue madurando paso a paso con mi deseo de independencia. Así que los que vean en mí a un rebelde, también deberían ver la larga historia del camino que llevó a esta rebelión un tanto particular.

Si bien no nací siendo un rebelde, si puedo decir de mí que vi la luz del mundo con una forma de ser abierta. Como lo muestra no solamente mi pequeña anécdota de «Elvis», me sigue gustando mucho tratar a la gente de forma abierta y cordial. Este es tal vez mi mayor talento, y me lleva también al mensaje que he podido extraer de mi biografía hasta el momento: «Hay que arder por aquello que queremos encender en otros.» La pasión es contagiosa. Y es aún más contagiosa cuando se irradia. ¿Cómo se explica si no que decenas de miles de personas se concentren en los estadios, las salas de concierto y las sedes de los eventos para ver a sus ídolos? Las personas que realizan con pasión aquello que sienten como su vocación son las que reciben la luz de los focos. Generan entusiasmo. Ya sea en el deporte, en la música o en el mundo empresarial. La simbiosis de pasión y persuasión es evidente. Al que haya descubierto por qué causa arde, pocas veces le cuesta trabajo convencer también a otros. O al menos intentarlo. Incluso cuando tal vez no funciona a la primera: con un poco de valor y la presencia adecuada, tarde o temprano surgen las oportunidades de seguirse desarrollando. No estamos solos. Por todo el mundo hay compañeros de lucha que tienen ideas semejantes de un mundo mejor. Todos nosotros tenemos nuestros deseos y preocupaciones, pasiones y miedos. Esto nos convierte en lo que somos, seres humanos. Solo tenemos que aprender a hablar abiertamente de ello. Ninguna otra cosa es más importante, esto lo he visto en más de tres décadas de actividad profesional, en el intercambio con cada uno de los clientes. También un cliente tiene sus necesidades muy individuales. Desarrollar un producto que cumpla una parte de estas necesidades es mi pasión. Y me alegra que Karatbars sea para muchos la respuesta correcta a sus deseos.

2.
«Solo el que domina su oficio puede lograr grandes cosas.»

Mirar hacia el futuro es como mirar el mar. Se deja vagar la mirada por el agua hasta el sol. Pasan algunas nubes pasan. La mirada clara se mezcla poco a poco con los propios pensamientos. Con una visión de cómo deberá ser el futuro alguna vez.

En el camino hacia este futuro se necesita fuerza, ya que el camino es largo. Para recorrerlo, se necesita pasión. Ella es la fuente de nuestra fuerza persuasiva, hacia adentro y hacia afuera.

Visión y pasión: esta es la mezcla del éxito. Ambas forman las piedras angulares con las cuales se puede perseguir el propio proyecto y convertirlo en realidad.

Pero falta una tercera capacidad, totalmente fundamental, necesaria para tener éxito. Esta es la experiencia. Uno debe ser un experto en lo que hace. Mi antiguo director de grupo en mi primer trabajo como vendedor independiente en Vorwerk es un buen ejemplo de esto. Él era el mejor vendedor de toda la empresa, un gigante. Es cierto que la marca Vorwerk ya era muy conocida en Alemania, y era fácil entablar una conversación de ventas con la gente. Pero con 30 motores vendidos a la semana, mi director de grupo era absolutamente increíble, y con ello se convirtió en mi gran modelo.

Pero ¿cómo puede uno convertirse en un experto? ¿Cómo podía llegar a ser un genio de las ventas, como mi jefe de grupo?

Primero la mala noticia: nadie nace siendo experto. Pero la buena noticia es: todos pueden convertirse en expertos. Solo hay que tener en cuenta la gran variedad de temas y especialidades con las que se ocupa en el mundo. Ya sea el virtuoso de su instrumento, el deportista profesional en su disciplina o el administrador en su empresa, todos ellos son expertos a su manera en su área. Saber de todo y de todos, dominar todas las materias, se ha vuelto imposible en el complejo mundo en que vivimos actualmente. Mientras que antes todavía había eruditos universales, que eran maestros de su especialidad en varios campos, no tendría sentido intentarlo actualmente. Mientras que Leonardo da Vinci hizo descubrimientos pioneros en las ciencias naturales, y al mismo tiempo desarrolló un lenguaje visual casi no superado hasta entonces en su belleza y precisión, actualmente es ya una gran proeza llegar a ser inventor o artista. En muchas áreas, el conocimiento está tan avanzado que puede llevar años solamente procesar los conocimientos ya existentes. La investigación se ha seguido desarrollando hasta las más diminutas ramificaciones. Existen innumerables trabajos y estudios sobre todos los temas imaginables. Aunque Internet ha facilitado el acceso a la información correspondiente, esto no significa necesariamente que se puedan adquirir nuevas capacidades y nuevos conocimientos como si fuera un juego. Y es que, al mismo tiempo, se ha ampliado enormemente el volumen de información. Abrirse camino en la selva de datos se ha convertido en una ciencia por sí misma. Entretanto, cualquiera puede dar su opinión respecto a todo. Y esto no incrementa necesariamente la calidad de la información. Precisamente el debate sobre las fnews, las noticias falsas, ha mostrado que no es oro todo lo que reluce. La vida es finita, y a muchos simplemente les falta tiempo para ocuparse de todos los temas que mueven al mundo. Además de la sed de conocimiento pura, también existen las obligaciones familiares, las ambiciones propias de la profesión, y muchas cosas más que reclaman nuestro tiempo.

El que se excede con sus tareas y pretensiones, pronto amenaza con estrellarse de cabeza contra un muro. Un exceso de las más diversas obligaciones conduce al estancamiento. Entonces, se produce un bloqueo mental y ya no avanza nada, tampoco en los proyectos que uno se ha propuesto. En lugar de invertir toda la energía en una causa realmente importante, de pronto se tiene que repartir la fuerza disponible. Se pierde el impulso, y comienzan los embrollos. Cuando aumenta el gasto en organizarse a sí mismo, ya sabe que algo tiene que cambiar. Muchas veces, un solo proyecto avanza ya con lentitud y a pasos pequeños. No digamos ya cómo se ralentiza todo cuando se tienen pendientes varios proyectos grandes al mismo tiempo. Entonces se necesita un equipo más grande, o el enfoque se tiene orientar de nuevo. Ahora le mostraré cómo puede lograr ambas cosas.

Comencemos por el enfoque correcto. Se trata de dirigir las capacidades propias, el espíritu propio, hacia lo que tenga la más alta prioridad para usted. Naturalmente, para ello debe primero ser consciente de lo que espera de su vida, de cuál es la misión visionaria que está dispuesto a perseguir con sangre y sudor. Una vez que se han tomado estas decisiones, la divisa es: ¡adelante con toda la fuerza posible!

Cuanto más pronto dé estos pasos, mejor, porque tanto más pronto podrá orientar su propia vida de manera correspondiente. Y con ello pienso sobre todo en adquirir las capacidades necesarias para alcanzar el objetivo que se ha fijado personalmente. Porque una cosa está clara: el tiempo es limitado. Quien quiera crear una pintura magistral, tiene que familiarizarse con las artes plásticas. Quien busque el éxito deportivo, tiene que establecer un plan de entrenamiento y cambiar su alimentación. Según en qué consista el propio objetivo, se debe dirigir la vida que uno vive en una dirección.

En lugar de vagabundear sin orientación, es menester dar una forma al tiempo. Con un objetivo a la vista, se puede estructurar cada día para finalmente ser un maestro de su especialidad, es decir, un experto.

Para esto, un modelo, un profesor y motivador puede ser una gran ayuda. Mi jefe de grupo tuvo un papel importante precisamente al inicio en relación con mi avance profesional. Con él aprendí los fundamentos, desde la apertura hasta el cierre de una venta. Pronto estaba ganando tres, cuatro, e incluso a veces cinco mil marcos al mes. Mi desarrollo profesional se manifestó de manera inmediata sobre mis ingresos.

Pero un día solo tiene 24 horas. El número de aspiradoras que podía vender diariamente era limitado. Y aun cuando mi sueldo resultaba opulento en comparación con mi trabajo como proveedor de bebidas, sentía que todavía no había llegado a la meta de mi desarrollo, que quería más.

En ese momento me vino muy bien una oferta de un trabajo en el sector financiero. Muy en el sentido de la mercadotecnia multinivel, debía organizar un grupo a través del cual teníamos que difundir determinados productos financieros. Aunque ya había aprendido algo sobre operaciones comerciales en Vorwerk, para mi nuevo trabajo tuve que empezar de cero otra vez en muchas cosas. Pero, en vista de las nuevas posibilidades que me ofrecía este trabajo, valió la pena el esfuerzo. Yo era joven y estaba lleno de energía, dispuesto a hacer cosas nuevas, y el modelo de mi nuevo jefe fortaleció todavía más mi espíritu emprendedor. Su apariencia tenía un efecto contagioso sobre mí. Solo pensaba: «Ese es el aspecto que tiene un hombre de negocios exitoso.» Su traje color verde oscuro junto con un pañuelo blanco en el bolsillo le quedaba perfecto. ¡Grandioso! Su exterior era el espejo de su actitud interna. Este hombre, eso lo sentí desde el día en que lo conocí, tenía carisma. Podía cautivar a la gente con lo que decía pero, sobre todo, con la manera en que lo decía. Era mi gran ídolo. Retrospectivamente, me doy cuenta de la importancia que han tenido los modelos en mi camino. Desde Martin Luther King y Elvis en mi infancia, pasando por el jefe de grupo en Vorwerk al principio de mi etapa independiente, hasta llegar precisamente a ese jefe con una irradiación tan poderosa de la Sociedad de Asesoramiento sobre Patrimonio e Inversiones (GEVA, por sus siglas en alemán). Ahí también conocí a Uwe, que había de convertirse en uno de mis mejores amigos. Lo admiro por el compromiso y el espíritu de trabajo con el que se ocupaba de su equipo. Combinaba el sentido de lo comercial con una fina sensibilidad social. Me apoyó contra viento y marea y de esa manera llegó a convertirse en un importante acompañante en el transcurso de mi vida. Fueron personas de este tipo las que me inspiraron y me impulsaron para alcanzar nuevos logros.

El sábado era nuestro día de asalto. Cada sábado hacíamos las citas para la semana siguiente. No siempre era fácil porque, a fin de cuentas, teníamos que empezar primero convenciendo a la gente de que siguiera hablando con nosotros. Pero éramos ambiciosos y estábamos muy motivados. No parábamos antes de que estuvieran listas por lo menos veinte citas. Las primeras citas las organizaba yo con personas de mi círculo de conocidos. Con ayuda de un empleado con experiencia, analizaba qué producto de inversión era el más adecuado para la persona correspondiente. Los seguros de vida eran muy populares por aquel entonces. Con ellos se conseguían las mejores comisiones, pero a mí no me interesaba solamente el dinero. También el cliente se beneficiaría de ello, así pensábamos entonces. Y es que un seguro de vida cerraba el hueco de financiamiento que se presentaba con la jubilación. El nivel de la pensión ascendía entonces al 70 por ciento del sueldo mensual, de modo que el seguro de vida era el instrumento ideal para cubrir el 30 por ciento restante.

Con este plan de beneficios en la maleta, me puse a vender. Y pronto me convertí en uno de los directivos más altos. Mientras que muchos de mis colegas tenían que esforzarse, a mí el trabajo se me hacía muy fácil. Tenía una forma de ser que le gustaba a la gente, que le daba la sensación de poder confiar en mí. Ganábamos bastante dinero, hacíamos fiestas y salíamos a comer. Por primera vez sentí que con un trabajo adecuado podía tener realmente un gran éxito.

Aunque el camino hasta ahí pueda ser fatigoso y largo, vale la pena para el que lo recorre hasta el final. Al cien por cien. Porque solamente el hecho de haber llevado un asunto hasta su culminación demuestra fuerza de voluntad y convicción. La perseverancia lo distingue de sus compañeros de lucha, que han abandonado antes. Usted puede llevar sus habilidades a un nivel que seguirá siendo inalcanzable para otros. Cuando se busque un experto, se mencionará su nombre. Determinadas tareas requieren capacidades especiales. Cuanto más reducido sea el círculo de las personas que tienen estas capacidades, tanta más demanda habrá para usted.

¿Por qué los médicos o los abogados ganan mucho más en comparación con un camarero o un peluquero? Bueno, ellos han invertido una gran parte de su vida en aprender un oficio muy complejo. La anatomía del cuerpo humano o los sistemas jurídicos de los Estados modernos son tan complicados que no hay muchas personas que puedan apropiarse estas materias. Se necesita una gran tenacidad, autodisciplina e inteligencia para estudiar estas carreras. Y esto no lo tienen todos por nacimiento. Pero al final, usted se beneficia de toda esta entrega. No solamente porque ganará más dinero, sino también porque podrá dar forma al mundo con sus capacidades. La proporción de juristas entre los políticos es especialmente alta en comparación con otros grupos profesionales. Precisamente estas personas estructuran nuestra convivencia, manejan las palancas del poder y le dan forma a la sociedad con su legislación.

Para aquel que se convierte en experto en su área, se multiplican las posibilidades de darle forma al mundo. Así como un carpintero fabrica nuevos muebles, el empresario desarrolla un nuevo concepto de negocios. Con ayuda de las capacidades individuales se puede convertir en realidad una obra que al principio solo se pensó. Por ello, defina con claridad en qué debe consistir su obra y qué es lo que tiene que saber para poder crearla.

Yo he desarrollado mis visiones en mi trabajo en el sector financiero. Cuando era joven, el sector bancario extendió sus antenas hacia mí. Yo había crecido en una situación familiar intranquila, anhelaba tener seguridad, y la seguridad financiera era para mí la base de una vida estable. Con esta idea en mente, comencé mi carrera como asesor financiero y patrimonial. Ya desde entonces sabía que mi obra iba a consistir en mejorar la vida de la gente, dándole seguridad financiera. Quería desarrollar conceptos de inversión a prueba de crisis para que otras personas pudieran beneficiarse de ellos, pero al mismo tiempo me quedaba claro que, para ello, primero tenía que dominar mi oficio. Al principio no sabía cuánto se habían desarrollado los sectores bancario y monetario. No tenía ni idea de las necesidades de los clientes, de la actividad de asesores y banqueros, de las cifras y los valores de capital en el sector financiero. Todo eso lo tuve que aprender primero.

Más rápido de lo que esperaba, logré tener los conocimientos especializados necesarios. Comencé a ocuparme de las diversas ofertas y modelos de los institutos bancarios. Dado que como empleado en el servicio externo de Vorwerk ya me habían tirado a la piscina, aquí también entré pronto en un contacto intensivo con los clientes. A partir de ese momento, era mi tarea convencer a la gente, la mayor parte de las veces en conversaciones directas. Puse en acción mi lenguaje corporal, que ya había probado en innumerables apariciones en el escenario. Llegué a conocer a las personas más diversas. Cada una era especial a su manera, ya fuera en sus expresiones, en las ideas de lo que tiene que ofrecer un buen banco o en la cuestión de lo que significa realmente la seguridad. Escuchar atentamente, tener una actitud abierta para las preocupaciones de los otros: todo esto me convirtió en una persona más madura también en mi entorno privado. Reaccionar cada vez con las propuestas adecuadas y el tono correcto me exigía capacidad de adaptación y flexibilidad, capacidades de las cuales me beneficio hasta el día de hoy.

Tenía que averiguar qué era importante para mi interlocutor. En la búsqueda de soluciones óptimas, me di cuenta de que todavía había carencias en la oferta de las instituciones financieras tradicionales y los asesores de inversiones. El portafolio que tenía que ofrecer no cubría todas las necesidades de los clientes, y tenía la impresión de tener que hacer recortes con demasiada frecuencia. Precisamente en el segmento de las inversiones más pequeñas y seguras con alta movilidad faltaban desde mi punto de vista importantes posibilidades de inversión. Este nicho fue mi suerte. Porque ese nicho de mercado es el que más tarde cubriría con Karatbars.

Los conocimientos sobre el mercado financiero y la experiencia práctica con los clientes en el servicio externo fueron los logros más grandes de mi formación. Ahí sentía diariamente de qué se trataba el asunto. La presencia adecuada con el cliente, un trato de confianza y ofertas diseñadas a la medida para los individuos eran las herramientas de mi oficio. Estoy agradecido por esta época, en la cual pude demostrar mi capacidad y recabar experiencias nuevas cada día.

Pero en algún momento se acaba incluso el periodo más instructivo. En mi caso, eso sucedió más rápido de lo esperado porque, después de año y medio, la autoridad fiscal llamó a mi puerta. Los empleados de la administración querían saber cuánto dinero ganaba. Yo lo había gastado todo en la exuberancia del éxito y no podía darles una respuesta, así que se hizo una estimación de mi sueldo y, como no pagaba, el agente judicial no se hizo esperar mucho tiempo. En la euforia de mi independencia recién conquistada me había vuelto ingenuo, había reprimido otras obligaciones. No tenía un asesor fiscal, así que tuve que aprender mi lección. Pieza a pieza fui pagando a plazos las reclamaciones adicionales de la autoridad fiscal. Como tantas personas de este mundo, había seguido la llamada del dinero. Algunos colegas habían averiguado que en el trabajo directo para un seguro iba a haber mucho más dinero para todos nosotros. En aquel entonces nos pagaban en el orden del tanto por mil. Mientras que en la Sociedad de Asesoramiento sobre Patrimonio e Inversiones recibíamos solo 20 por mil, en la aseguradora Stuttgarter Versicherung la comisión era de 35 por mil. Un aumento de casi el doble. No podía desechar esta opción, y me uní a los tránsfugos. Pero en lugar de ganar ahora más dinero, sucedió lo contrario. Registraba menos cierres que antes porque me faltaba motivación. Ya no había días del gran asalto ni entrenamientos de equipo, nada de eso. Era completamente independiente, podía trabajar cuando y como yo quisiera. Por un lado, esto era muy agradable, pero por otro lado me volvió más indolente, de manera que, al hacer balance, tenía menos ventas que antes. No hay que subestimar la motivación como factor del éxito.

Cuando noté que ya estaba a la altura de mis tareas, quería enfrentarme a nuevos retos. En la Sociedad de Asesoramiento sobre Patrimonio e Inversiones me había convertido en uno de los vendedores más exitosos en mi campo de actividad. Entonces me di cuenta de que quería probar más, tenía que probar más. Quería desplegar el potencial que todavía estaba adormecido en mí, al menos a largo plazo, en una actividad que me diera más posibilidades creativas, más autodeterminación y me exigiera más creatividad. Concebir productos propios, conducir una empresa propia, trabajar con una filosofía y estrategia propias: estos eran los argumentos que fueron decisivos al tomar mi decisión de convertirme en empresario.

Fui ascendiendo y me di con el techo. Mis capacidades e ideas se habían desarrollado más, pero mis posibilidades como empleado del servicio externo seguían siendo limitadas. Había aprendido oficio. Ahora era necesario no solo aplicarlo diariamente, sino llevarlo a la perfección. Veía potencial de mejora en mí por todas partes. Los pintores verdaderamente grandes no solo copiaron lo que sus predecesores pusieron en el lienzo, sino que desarrollaron un estilo propio, un lenguaje propio. Exactamente eso es lo que los hizo tan inconfundibles para la posteridad. Y exactamente eso es lo que determinó también que el arte se haya desarrollado a lo largo de los siglos. Si se quiere, mi lienzo era el mercado financiero en el statu quo de aquel entonces. Yo sabía cómo funcionaba, era consciente de lo que importaba. Pero, en lugar de participar en el juego habitual de la adquisición de clientes y las típicas formas de inversión, quería ponerle mi sello a este mundo con mis propias ideas.

Lo lograría, después de muchas estaciones profesionales, con Karatbars. El concepto de Karatbars agrega al mundo financiero una nueva faceta y amplía con ello también la selección de posibilidades de inversión para los clientes. Es algo de lo que estoy orgulloso. Con el concepto correspondiente no solo había simplemente replicado el esquema tradicional del mundo bancario, sino que había desarrollado un nuevo esquema. Pensar de una manera nueva para recorrer nuevos caminos, todo con el conocimiento de fondo necesario y equipado siempre con las herramientas de un empresario financiero capaz. Mi paleta de colores era el conocimiento sobre la multiplicidad de productos financieros; mi pincel, el trato entrenado con el cliente. Equipado con esto, ya no había nada que se opusiera a un proyecto realmente grande.

Al mismo tiempo, el paso del servicio externo a la empresa propia trajo consigo nuevas exigencias. Si antes había sido solamente un engranaje en la maquinaria de una gran industria, ahora tenía que pasar a controlar yo mismo hasta cierto punto los procesos de esta industria. Tenía que desarrollar un mecanismo propio que funcionara y que fuera capaz de realizar los objetivos que yo había fijado. En otras palabras: tuve que pasar de asesor financiero conocedor a un experto en mi especialidad. Pero ¿cuál debería ser mi especialidad, mi disciplina principal? La fascinación que ya entonces estaba surgiendo en mí con respecto al oro fue el motivo para involucrarme más en el mercado del oro. Los descubrimientos que hice fueron sorprendentes. Ellos fueron el sustrato para Karatbars. La estabilidad natural del oro lo hace tan atractivo para una inversión de capital segura como casi ningún otro producto. Esto es aún más cierto en épocas de salvajes especulaciones y políticas financieras temerarias. La crisis económica y financiera mostró en 2007 lo que se pierde cuando se apuesta todo a una sola carta. El oro es para cualquier inversionista, le gusten los riesgos o no, un respaldo perfecto en caso de crisis, un puerto seguro cuando el mar está encrespado y los mercados financieros se vuelven locos. El oro es independiente del comportamiento de los políticos encargados de la política financiera. Protege de las devaluaciones del dinero en efectivo, como sucedió por ejemplo en Argentina en el transcurso de la crisis de endeudamiento con el desacoplamiento del dólar en el año 2002. Independencia y seguridad son las palabras clave con las cuales se pueden describir las grandes ventajas del oro. Ventajas que, sin embargo, hasta la fecha son aprovechadas muy poco precisamente por los pequeños inversionistas. Simplemente faltan las posibilidades de inversión adecuadas. Estudios intensivos, la observación precisa del mercado y una mirada analítica sobre los acontecimientos mundiales me convirtieron en un especialista en el oro. Me ocupé de todos los aspectos del metal precioso, desde su obtención, sus características y su historia hasta su potencial para los inversionistas. Y así me convertí poco a poco en lo que soy ahora: un experto en oro.

Siguiendo el ejemplo de mi ídolo Elvis Presley, una revista especializada me nombró en su portada «King of Gold», el rey del oro. No porque pudiera disponer de todas las reservas de oro de este mundo. Estoy muy lejos de eso, incluso con una empresa millonaria como Karatbars. Más bien porque me he ocupado hasta el más mínimo detalle de todo lo que constituye a este metal precioso. En este camino pude adquirir un conocimiento especializado muy específico del cual, me atrevo a afirmar, solo dispone una parte muy pequeña de la humanidad. Yo diseño conceptos nuevos en torno al tema del oro. Gracias a mis conocimientos, sé dónde hay potenciales que todavía no han sido descubiertos. Como un pionero que recorre sendas desconocidas y va abriéndose territorios nuevos poco a poco, yo también me voy abriendo camino por la selva del mundo financiero. Siempre con la idea de aprovechar las ventajas del oro para mis clientes. Siempre con el afán de mejorar el mundo y enriquecer al mercado financiero con una faceta todavía sin descubrir. Estoy firmemente convencido de que las posibilidades creativas de un director ejecutivo dependen de manera decisiva de su experiencia. Esta es indispensable para desarrollar nuevas ideas, tender nuevos puentes y poder conseguir bienestar para todos.

Si puedo sacar una conclusión de mis experiencias personales en mi camino para director de Karatbars es que uno debe dominar su oficio para poder lograr grandes cosas. Pero el oficio solo ya no es suficiente. Los conocimientos básicos de una profesión son solo el acceso para obtener capacidades y conocimientos más profundos. Nuestro mundo está altamente especializado. Los problemas que nos ocupan se vuelven cada vez más complejos. Con los conocimientos científicos que se han obtenido a través de los siglos, surgió al mismo tiempo también una sensibilidad para la complejidad de la vida en este planeta. Actualmente podemos examinar las cosas hasta en las más pequeñas ramificaciones. Bajo el microscopio se vuelven visibles fenómenos que anteriormente nadie podía siquiera imaginar que existían. Con el telescopio podemos mirar al infinito y sentir que somos solo una pequeña parte del universo. Calculamos la trayectoria de los planetas, su distancia respecto a la Tierra a una distancia de millones de kilómetros. Hay tanto que descubrir. Lo que sabemos solo es una pequeña parte del gran todo. Los conocimientos actuales se basan en el conocimiento que el ser humano ha ido adquiriendo a lo largo de los siglos. Poder apropiarse solo de una pequeña parte de este tesoro es ya una gran tarea para cada individuo. Llevar un poco de luz a la oscuridad hace al mundo mejor, al menos a pequeña escala. Para lograrlo, no hay nada mejor que la especialización. El que haya descubierto su pasión debe seguirla. La pasión propia señala en la dirección correcta y da fuerza para recorrer el camino hacia convertirse en experto. Para mí fue la fascinación por el oro. En el caso de un físico nuclear es el entusiasmo por las partículas más pequeñas de nuestro universo, para el pintor son la composición y la estructura de una pintura. No importa lo que sea: la pasión es y seguirá siendo el motor de nuestros logros, y la experiencia, la herramienta con la cual podemos alcanzarlos. Esta lista de vocaciones se podría continuar hasta el infinito. Es la expresión de un mundo de inmensa variedad. Este mundo quiere ser descubierto, indagado y estructurado.

El experto reproduce una pequeña parte de esta variedad en su trabajo. Va a lo profundo en lugar de quedarse en la superficie, cuestiona estados de cosas aparentemente claros en lugar de considerarlos simplemente como verdaderos, está siempre en busca de lo nuevo, ve las oportunidades para la transformación. Con sus capacidades ayuda a otras personas a tomar las decisiones correctas para ellas. Al seguir cada uno a su vocación, todos pueden beneficiarse unos de otros. Cada uno puede aportar sus capacidades y su experiencia para el bien de la comunidad. Ya sea como investigadores, intelectuales o asesores financieros: todos contribuyen con su parte a la sociedad. El talento y la inteligencia son los diamantes en bruto que es menester seguir puliendo. Relucen con brillo y perfección cuando un talento se utiliza en el lugar adecuado y se sigue apoyando constantemente. Depende de cada uno perfeccionar sus capacidades y utilizarlas allí donde aporten el beneficio más grande para la comunidad. Casi ningún otro proyecto político encarna esto tan bien como la Unión Europea. Con la eliminación de las fronteras interiores, las personas, sin importar de qué nacionalidad, pueden moverse por Europa al lugar donde sus capacidades tengan la demanda más grande. En la era de la globalización ya no es suficiente con pensar solamente en un marco reducido. Las buenas ideas tienen el potencial de transformar todo el mundo. Pensar en grande significa pensar europeamente, pero también pensar y actuar globalmente.

Un empresario apasionado no solamente ayuda a la comunidad, sino que también encarna aquello por lo que arde. La encarnación de una gran idea es el director con conexiones a nivel mundial. No solo se ve a sí mismo, su empresa, su país, sino también a los seres humanos, a los continentes, al mundo. Así, la realización personal va mano a mano con el beneficio comunitario que promueve.

Se trata de la felicidad a través de la experiencia, porque cada uno puede aportar algo de lo que sabe hacer mejor y al mismo tiempo recibir la recompensa correspondiente a cambio: en dinero, pero todavía mucho más importante, en gratitud, reconocimiento y respeto.

Sin embargo, para alcanzar este estado simbiótico para sí, la experiencia sola no es suficiente. ¿Qué aportan el conocimiento y la experiencia si no se pueden compartir, si nadie sabe de ellos? Incluso el mayor erudito de este mundo no aporta nada a la comunidad si no ofrece sus conocimientos, si no los manifiesta, si no los aplica.

Un ratón de biblioteca que absorbe todo, pero no realiza nada, no surte ningún efecto. Como dijo el famoso pensador Karl Marx: «Los filósofos solo han interpretado el mundo de diversas maneras, pero de lo que se trata es de transformarlo.» Ninguna cita podría expresarlo de manera más precisa. De lo que se trata es de poner en práctica lo que se ha aprendido. Porque, aunque algunas partes de la teoría tal vez no funcionen de entrada en la práctica, el progreso solamente es posible si uno se atreve a hacer algo. «Probar es más importante que estudiar»: con este credo, las ideas geniales despliegan toda su efectividad.

Tino, mi colega en la aseguradora Stuttgarter Versicherung, y yo abrimos pronto una oficina propia para poder asesorar a nuestros clientes todavía mejor. Un día, un hombre se presentó en nuestra oficina y nos habló de una posibilidad de inversión nueva con rendimientos del 10 al 15 por ciento mensual. Nos frotamos los ojos, y al principio desconfiamos. Por ello, decidimos hacernos nosotros mismos una idea de su oferta y fuimos a Suiza a la sede de la empresa de nuestro visitante. Ahí, los asesores hablaban de negocios bursátiles que se realizaban en rápida sucesión hasta 500 veces en dos horas para generar de esta manera las ganancias. Tino y yo nos miramos y asentimos: «Suena lógico.» Aunque no entendimos todos los detalles, el concepto en general sonaba plausible. Primero invertimos nosotros mismos. Tino echó 50.000 marcos en la bolsa. Yo participé con 30.000 marcos. Cuando hicimos correr la inversión, pronto se convirtió en realidad lo que nos habían prometido. Recibimos hasta el 12 por ciento de intereses mensuales. 5.000 marcos por no hacer nada. Esto era algo insuperable, y pronto se divulgó. Yo les decía a nuestros clientes: «Ya no tengo que trabajar mucho, porque una parte de mis ingresos la recibo ahora de mi inversión.» Esto despertó su curiosidad. Incluso viejos amigos nos llamaron y nos preguntaron sobre las inversiones. La empresa suiza nos prometió por del 3 al 5 por ciento de comisión por cada cliente nuevo. ¡Un negocio redondo! Y funcionaba a las mil maravillas. Llevábamos a nuestros amigos a Suiza, ellos ingresaban su efectivo en una cuenta de la empresa local y nosotros cobrábamos la comisión. Todo esto se extendió como reguero de pólvora. Cada nuevo cliente nos trajo otros interesados. Éramos jóvenes y creíamos en el modelo, pero seguía habiendo un resto de inseguridad. ¿Podía ser cierto?

En un plazo de dos meses y medio, ya había facilitado más de un millón de marcos. Nunca había ganado tanto dinero. Me compré un Porsche, alquilé un piso gigantesco, organicé grandes fiestas. Una vida como en otro planeta. Nuestras últimas dudas se desvanecieron cuando el jefe de nuestra empresa asociada compró la escudería de Fórmula 1 Brabham. Nosotros pensamos: «Ahora está en el ámbito público, su nombre es conocido. Ya nada puede salir mal.»

Por desgracia, nos dieron un escarmiento. Al principio se dijo que solo había algunos retrasos en los pagos. Después nos dieron largas con la historia de que el software de la empresa estaba defectuoso. Esperamos, creímos y confiábamos en recibir los pagos. Tanto tiempo, hasta que la empresa desapareció sin dejar huella. Ninguna respuesta, ninguna reacción, ningún contacto más: ¡nada! Nuestros clientes comenzaron a enfadarse, pero en realidad ni tan solo eran nuestros clientes, solo se los habíamos conseguido a la empresa. Ellos, literalmente, se nos habían impuesto. Cuando todo iba todavía bien, no oímos ni una palabra de ellos, ni un signo de gratitud. Pero cuando todo empezó a ir mal, querían echarnos el chiringuito abajo. Esto llegó a tal grado que diariamente recibía amenazas por teléfono. La gente exigía que le devolvieran su dinero; en caso contrario, algo me iba a pasar. Me sentía muy presionado, intimidado y, al final, no vi otra salida que desaparecer por un tiempo en un pequeño hotel para poder pensar de nuevo con claridad. ¿Qué podía hacer para que pararan estas amenazas? La empresa y el dinero habían desaparecido. Ahí ya no se podía hacer nada. Un día decidí tomar la ofensiva para manejar el problema. Pensé: el ataque es la mejor defensa. Fui a ver a cada uno de los clientes para hablar abiertamente sobre el caso. A los problemas hay que tratarlos a la ofensiva, hablar de ellos abiertamente, ser sincero, aunque la verdad sea incómoda. Y el resultado fue asombroso. Excepto una única persona, todos me recibieron. Me sentía aliviado. Todavía más: mi estado de ánimo había cambiado por completo, porque había dominado con éxito la situación más difícil hasta el momento de mi carrera profesional.

Pero con ello todavía no se había solucionado el asunto. Los problemas continuaron, y es que ahora entró en escena la Fiscalía del Estado. La gente quería que se le devolviera su dinero y me habían demandado. Yo no era consciente de ninguna culpa. A fin de cuentas, las personas habían sido mis clientes. Literalmente me habían presionado para que los pusiera en contacto con la empresa suiza. No podían demostrar que hubiera hecho nada. A pesar de todo, el día del litigio casi reventaba de inquietud. ¿Qué iba a suceder? ¿Iba a poder convencer de mi inocencia al fiscal, y sobre todo al juez? En este momento, mi carrera pendía de un hilo. De buenas a primeras, me encontré en el banquillo de los acusados. La habitación revestida con pesada madera de roble había visto ya delincuentes de todo tipo: ladrones, estafadores, asesinos. Yo no pertenecía aquí y, sin embargo, estaba sentado precisamente en ese lugar. Una sensación abrumadora: la autoridad del Estado vigilándome. Después de leer la acusación, el fiscal me dirigió la palabra: «Señor Seiz, como asesor de inversiones debe saber que no se puede obtener un 15 por ciento al mes.» Pero yo ya tenía lista la respuesta adecuada, y contesté: «Señor fiscal, si usted hubiera visto a todas las personas que estaban en esa gran mesa y ponían su dinero en efectivo en ella, 10.000, 20.000, a veces 100.000 marcos. Eran abogados, asesores fiscales, funcionarios de policía, jueces. Todas estas personas creyeron en eso.» Esto lo convenció. Después de esto, el fiscal solo dijo: «No hay más preguntas.»

Al final salí bien parado del asunto. Y había aprendido algo decisivo. Claro que nunca se puede saber si un negocio funciona o no. Por eso es más importante poner atención a lo que uno siente. A lo largo de todo el tiempo en el que trabajamos con las inversiones en Suiza, siempre tuve esa extraña sensación en el cuerpo, un sentimiento de inseguridad y malestar. Y esta sensación al final resultó cierta. La conciencia de mi sensación instintiva también debería influir en mis decisiones futuras. Aunque no quedaba mucho de lo que había ganado como comisión, sí me había hecho más rico con una importante experiencia.

Incluso si no siempre está cien por cien seguro si una idea funciona, debe correr el riesgo. Ningún empresario ha tenido éxito evitando los riesgos. La relación entre los rendimientos y los riesgos es muy elocuente a este respecto. Solo el que se arriesga puede ganar. Y si tiene una buena idea y domina el oficio para realizarla, debe atreverse. Primero, porque puede dar por sentado de que su propia experiencia ya es una capacidad mayor de la que pueden aportar muchas otras personas. Y, en segundo lugar, porque solo en la práctica, en el mundo de allá afuera, puede vivir las experiencias que realmente lo hacen avanzar. Piense por ejemplo en el genio Isaac Newton, al que solo se le ocurrió la teoría de las fuerzas gravitacionales cuando le cayó una manzana en la cabeza. Llegó a sentir la fuerza de gravedad en su propio cuerpo. Esta sensación fue el inicio de la investigación sobre la gravitación. Pueden suceder cosas aparentemente banales que nos sugieran ideas geniales. Solo quien observa el mundo con atención y realiza las ideas en la realidad, se acerca al éxito. Una vez que una buena idea de negocios se ha comenzado y se han dado los primeros pasos, se plantean importantes preguntas de seguimiento. ¿Cómo se enteran los demás de su idea? ¿De dónde sabe el cliente que usted existe? ¿Hay alguien ahí fuera que pudiera tener una respuesta a su problema? Una respuesta que esté basada en un fundamento teórico sólido. ¿De dónde sabe que usted tiene una solución que ofrecer, que no solo viene sin conocimiento de causa, sino que ha sido elaborada con inteligencia? Aquí entra en acción lo que es de importancia esencial para cualquier empresa: las redes.

A más tardar cuando ya se haya elaborado el concepto de la empresa, se haya analizado el mercado y se haya formado el primer grupo de clientes, todo gira alrededor de la cuestión de cómo puede seguir creciendo la propia empresa. Para eso se tienen que conseguir nuevos círculos de clientes, pero también nuevos socios comerciales. En el caso ideal, de aquí surge para los involucrados una situación en la que todos ganan. El cliente se beneficia de su nuevo producto, el socio comercial de una nueva cooperación y usted obtiene nuevas posibilidades de hacer pública su idea de negocios. Un cliente convencido hablará de su oferta a sus amigos y colegas, un buen socio comercial establecerá contactos para usted. Cuanto más conocida sea su empresa, más crecerá la demanda de su producto. Siempre hay que tener en cuenta este sencillo mecanismo.

No pocas veces habrá situaciones en las cuales necesite ser perseverante. Y es que una cosa está clara: crear una red cuesta trabajo, porque muchos intentan abordar esta tarea. Todos los días, las líneas telefónicas y los servidores de correo electrónico de las conocidas empresas que marcan tendencias se sobrecalientan de tantas solicitudes de contacto que reciben. Llamar la atención dentro de esta masa, en eso consiste el arte.

Porque su interlocutor al principio no sabe lo que usted le puede ofrecer e intentará minimizar la conversación. En ese momento se debe ser persistente sin llegar a ser intrusivo. Se requiere sensibilidad para encontrar el acceso correcto en una relación comercial. Permanecer tranquilo e insistente, incluso cuando la voz al otro lado de la línea pueda ser un poca áspero al principio. Muchas veces, este rechazo se debe al desconocimiento del interlocutor. Todavía no conoce las ventajas que le puede aportar una relación comercial con usted. En el mundo de hoy, en el que nos vemos confrontados con la publicidad literalmente en todos lados, es muy comprensible un reflejo escéptico frente a un contacto desconocido. Probablemente yo mismo no reaccionaría de otra manera.

Pero esta reacción no está dirigida contra usted y sus propuestas. El receptor no puede saber lo que se está perdiendo. Él hace una conjetura y deduce de lo general a lo particular. Y precisamente aquí es donde usted debe iniciar.

Porque todo contacto es una oportunidad nueva para una relación comercial exitosa de la cual pueden beneficiarse ambas partes. A veces incluso por muchos años, si no décadas. La construcción de una red no es publicidad para la gran masa, sino un proceso selectivo en el cual se exploran el potencial de negocio. Usted no es cualquier persona que llama, sino un hombre de negocios con propuestas concretas y una visión única. Es cierto que no puede esperar de entrada esta perspectiva de parte de su interlocutor, pero esto no debería impedirle buscar el contacto.

Lo que abre la puerta es el discurso personal. Al destacar los puntos comunes compartidos, logra destacar de entre la masa de las consultas sin compromiso. Un acceso personal aclara su interés en una cooperación. Y mucho más importante: al mismo tiempo, el interlocutor se siente aludido directamente. Para lograrlo, vale la pena investigar antes de establecer el contacto. ¿Cómo ha de evaluarse la otra persona, qué es lo que ha logrado hasta el momento, qué estilo de vida y qué intereses persigue? Las respuestas a estas preguntas y a otras semejantes ayudan mucho a pasar en la conversación de un simple conocerse a rápidamente a crear una base de confianza más amplia. Y este es el objetivo. Porque da igual si es en el amor o precisamente en los negocios: sin confianza, no se puede.

Y muy de pasada, con este planteamiento también obtiene la oportunidad de hacer destacar su visión y mostrar pasión por el proyecto que presenta. Con todo el debido respeto, pero no hay nada peor que un inicio de conversación aburrido del estilo «quisiera y podría». Muestre su entusiasmo desde el principio e intente generar una reacción en su interlocutor. Mejor breve y conciso, pero bien explicado, que largo y tendido hasta el último detalle. Los detalles vienen después, ahora se trata de convencer.

Y para esto puede servirse de medios estilísticos especiales, de una especie de repertorio estándar para el primer contacto. Presentada de una manera ilustrativa, envuelta en una pequeña anécdota, la solicitud tiene de inmediato un efecto mucho más simpático. Dibuje una imagen de sus planes y ponga los acentos en su mensaje esencial. Dependiendo de lo que pueda ser especialmente interesante desde su punto de vista, deberá adaptar la entrada. En los primeros segundos no se trata tanto de lo que usted dice exactamente, sino se trata del «cómo». Cómo dice las cosas, qué entusiasmo es el que transmite. De eso se trata, para poder llegar al interlocutor.

En estos casos me gusta pensar en Martin Luther King. ¿Por qué lo escuchaba la gente? Tenía el don de presentar las cosas de una manera concisa y palpable. Era un maestro en demostrar su pasión y convencer de esta manera a sus compañeros de lucha. Comenzó como un sencillo sacerdote en una pequeña comunidad, y ya en el momento de su muerte demasiado prematura se había convertido en el ícono de todo un movimiento. Martin Luther King era un maestro de la retórica. Para él, el estilo y el lenguaje estaban ligados indisolublemente. Exactamente esta actitud es lo que todo hombre de negocios debería aprender de él. De eso solo se puede sacar beneficio. Cuando esté construyendo su red, saque todos los registros de la caja de herramientas estilísticas. Pronto se dará cuenta de lo que funciona y lo que no funciona. Puede refinar sus instrumentos y desarrollar cualidades de un auténtico networker.

¿Pero en qué consisten exactamente las palancas y los botones que puede utilizar al establecer el contacto? Primero, la voz. Dice mucho sobre la persona. Porque, al hablar, no solamente se transmite el contenido significativo de las diferentes palabras. En la voz vibra también un segundo mensaje, otro nivel que tiene efectos más sutiles que los contenidos puros. En ninguna parte resulta más claro que en el canto. Es secundario si se entiende o no el texto de una canción en todos sus detalles. Se trata de la voz del artista. ¿Suena firme y estable o baja y débil? ¿Suena forzada o relajada? Ya sea en el canto o en la conversación, las normas son las mismas.

Por eso, antes de hablar es recomendable relajar brevemente su voz. Se debe concentrar en los contenidos centrales de la conversación venidera y se puede servir de recuerdos positivos para reforzar de nuevo su confianza en sí mismo. Y créame, esto se puede percibe automáticamente. Su estado de ánimo personal se transmite también al sonido de la voz. Y para transmitir convicción, usted depende de su voz. Con la voz transmite hacia afuera lo que ya tiene espiritualmente en usted mismo. Se trata de cómo lograrlo de la mejor manera. Este oficio lo pone en la huella del éxito. Es parte del repertorio de un director profesional, porque solo quien puede dirigirse adecuadamente a sus semejantes, puede conmoverlos y entusiasmarlos, va a poder establecer a largo plazo una red fructífera de socios y clientes. Este es el objetivo, y el uso correcto de la voz es un medio para alcanzar este objetivo. Enriquezca su discurso con una dimensión adicional utilizando eficazmente su voz.

Pero con ello todavía no se agota en absoluto la paleta de las posibilidades de convencimiento. Cuando se pone realmente interesante es cuando se ha realizado exitosamente el primer contacto y se lleva a cabo una conversación en persona. Porque ahora, además del aspecto acústico de la voz, también se presenta el aspecto visual.

Lenguaje corporal: este concepto lo expresa correctamente. Porque usted no solamente habla con la voz, sino con todo el cuerpo. Quien se planta erguido, demuestra sinceridad. Quien utiliza gestos, fortalece el contenido de sus afirmaciones. No por nada se han ocupado precisamente con el arte del lenguaje corporal generaciones de actores. En la pantomima se renuncia por completo a las voces y, sin embargo, entendemos lo que se quiere decir.

Un ejemplo de la praxis es el apretón de manos. Muchas veces es la primera impresión sensorial que recibimos de nuestro interlocutor. Frecuentemente, ya en el apretón de manos me doy cuenta de lo que me puedo esperar. ¿Es determinado y firme? ¿Demuestra presencia? ¿Es ligero, reservado, tal vez incluso temeroso? Solo este ejemplo muestra ya cómo los gestos aparentemente más pequeños determinan la imagen que tenemos de otra persona. Una postura erguida demuestra un carácter sincero, una mirada enfocada hace lucir un espíritu despierto. No sin razón dice el refrán: «Los ojos son el espejo del alma.»

Lo que en algún momento se convierte en la rutina de todo director ejecutivo, puede ser inusual todavía al principio, pero esto no quiere decir que no se deba probar. Al contrario: «La práctica hace al maestro.» Cuanto más frecuentemente utilice su lenguaje corporal en conversaciones personales para convencer a su interlocutor, tanto más fácil le resultará hacerlo en el futuro. Nadie nace siendo maestro de la retórica. A través de muchos años de práctica y de probar, alcanzará las capacidades correspondientes. Aproveche cualquier oportunidad que se le ofrezca.

Precisamente para el uso del lenguaje corporal se aplica el dicho: «Probar es más importante que estudiar.» Porque el lenguaje corporal hay que sentirlo. Proviene del yo más propio y es la expresión de lo que se quiere transmitir. Su individualidad desempeña en esto un papel muy importante. Si se utiliza y pone en escena con frecuencia, se convierte en el as de la baraja. Elvis Presley no le copió a nadie su espectáculo. Lo fue desarrollando de actuación en actuación hasta que se hizo inconfundible. Cada persona es diferente. Por ello, también cada tipo de lenguaje corporal es individual a su manera. Solo se debe tener el valor de mostrarlo y aprovecharlo para sí conscientemente como un medio para convencer.

Un lugar ideal para probar sus habilidades puede ser el entorno de los amigos y la familia. Sus amigos y familiares lo conocen, y pronto se darán cuenta si algo tiene un efecto poco natural o afectado. No tiene que ser un actor para llegar a otras personas. Es suficiente si aprende a mostrar hacia afuera su manera de ser, su carácter, con seguridad en sí mismo y de manera auténtica.

Para mí fueron las actuaciones en los espectáculos de talentos los que me dieron la intuición de saber de cómo podía dar un toque especial a mi carisma. Por supuesto, al principio me ponía nervioso porque estaba inseguro de cómo me percibiría el público. Pero pronto me di cuenta de que lo importante es seguir siendo uno mismo. Con esta certidumbre interior podía desfogarme en el escenario, y de esta manera aprendí a convencer mediante gestos, postura y movimientos.

Porque, aunque no soy un mal cantante, mi voz no llegaba al nivel de Elvis Presley. Pero tampoco se trataba ya de Elvis Presley. Se trataba de mi actuación, y esa había podido mejorarla poco a poco, con cada salida al escenario, con cada ensayo. Este fue mi camino hacia un lenguaje corporal convincente. Y ya sea en el escenario, en el entorno personal o en el negocio: en todos lados puede uno apropiarse un lenguaje corporal convincente. No es magia.

Cuando ya se sabe cómo se puede convencer personal y profesionalmente, queda por supuesto todavía la cuestión de a quién se quiere convencer. ¿Quién es esa persona que hasta ahora he designado de una manera tan global como «el de enfrente» o «interlocutor»? Vamos a arrojar un poco de luz en la oscuridad y abrir esta misteriosa caja negra.

Porque, incluso antes de que se pueda convencer con el lenguaje corporal y la expresión verbal, se tiene que aclarar quién es el que se tiene que convencer. No todos vienen por el producto que uno está desarrollando, la oferta que uno tiene que hacer. Por ello, se tiene que escoger con exactitud el círculo de clientes y socios comerciales potenciales. Filtrar a tiempo los contactos correctos para sus negocios le facilitará más tarde el trabajo. En caso contrario, existe la amenaza de perder tiempo, esfuerzo y energías en algo que al final no vale la pena. Pero ¿cómo se debe proceder?

El primer paso al establecer una red de relaciones es la selección del interlocutor correcto. ¿Quién podría tener interés en su oferta? ¿Quién puede hacerlo progresar con otros contactos, buenas propuestas o una asociación lucrativa? También hay que preguntarse para qué grupos de personas es especialmente interesante el proyecto propio.

En el caso de Karatbars, el acervo de contactos potencialmente valiosos era bastante grande, puesto que tanto los ahorradores privados como los inversionistas mayores encuentran un puerto seguro en las inversiones en oro. Todos los que comercian en el mercado financiero o encargan a alguien que comercie por ellos necesitan una cierta seguridad financiera. Para el negocio internacional se necesitaba una red amplia de socios que pudieran representar la idea de Karatbars en todo el mundo. Estos tenían que ser competentes en cuestiones referentes al oro y elocuentes en el trato personal, eso estaba claro. Con ello habíamos puesto la base para lograr un grupo de contactos adecuado. De la masa casi incontable de personas, para los casi 8 mil millones de habitantes de este mundo, habíamos desarrollado criterios para encontrar a aquellos que podían ser esenciales para lograr el avance de Karatbars.

Así como tomar decisiones importantes forma parte de la competencia de un director, este también debe seleccionar quién formará parte de su red. Una red bien actualizada y estructurada, orientada a un objetivo concreto, también puede sostener a la empresa incluso en tiempos difíciles. Abre oportunidades para un crecimiento estable. El verdadero valor de una idea solo se despliega realmente a partir del momento en que es secundada por las personas adecuadas y transmitida a las personas adecuadas. Precisamente por ello el networking, el establecimiento de redes de relaciones,, sigue estando siempre en boca de todos.

De mi propia experiencia con Karatbars puedo decir que ese networking vale la pena, aunque exija mucha perseverancia. En algunos sectores, una buena red es un seguro para la supervivencia, para la continuidad de la empresa, y por eso no se puede actuar sin ella. Piense por ejemplo en la industria publicitaria. No pocos acuerdos acaban cerrándose gracias a una recomendación, a unos buenos contactos o a una cooperación nueva. Los eventos de empresa, las juntas, las conferencias: detrás de todos estos formatos se oculta la ambición de establecer contactos que más tarde nos puedan beneficiar. Precisamente en la fase inicial del networking, estos eventos ofrecen oportunidades de alto nivel para meter un pie en el mundo de los negocios. Con toda naturalidad y casi siempre en un ambiente agradable, aquí puede llamar la atención. Aproveche ese escenario. Muestre su mejor actuación. Presente sus ideas y planes de proyecto. Quién da mucho, también recibe mucho.

Solo si se atreve a dar el primer paso, puede esperar que otros también se dirijan a usted. Antes de mi primera actuación, ya sea como cantante o como director ejecutivo de Karatbars, casi nadie me conocía. Yo era una hoja en blanco y estaba totalmente fuera del radar. Nadie sabía cuánta pasión y persuasión había en mí. Esto cambió de golpe cuando hice un pequeño esfuerzo y subí al escenario. Unos cuantos minutos bajo los focos muchas veces valen más que innumerables llamadas telefónicas inútiles. Con la sensibilidad adecuada puede desencadenar una reacción en cadena tan positiva que lo incluya en las conversaciones de los demás. Idealmente, entonces ya no tendrá que buscar a las personas que necesita, sino que ellas vendrán a usted por iniciativa propia. Primero, porque ya saben que usted existe. Esto es tan sencillo como cierto. Y, en segundo lugar, porque actuó de forma convincente ante todo el equipo.

Por supuesto que se necesita un cierto valor para ponerse en primera fila, y no pocas veces hace falta también algún que otro codazo para ello, pero el valor que demuestre aquí valdrá mucho la pena. Incluso los presentadores y los artistas con mucha experiencia sufren de miedo escénico cuando aparecen ante su público. Incluso a un Robbie Williams, que ya ha realizado innumerables giras ante miles de espectadores, se le acelera el pulso cada vez de nuevo cuando entra al escenario. De lo que se trata es de cómo gestiona sus nervios. Estos pueden producir un bloqueo; ¿quién no conoce cuando se le hace nudo en la garganta? O bien, con el famoso golpe de adrenalina, le dan la capacidad a la persona afectada de lograr rendimientos extraordinarios. Todos los deportes extremos viven de este fenómeno. La increíble energía que se libera cuando usted ocupa por un momento el centro de la atención es el impulso por excelencia de un empresario orientado hacia el éxito. Estos momentos dan confianza en uno mismo y crean publicidad. Una combinación dinamizante que apenas es posible encontrar en otro lado.

Para la persona que ya está en boca de todos, se pueden abrir muchos nuevos contactos. ¡Pero cuidado! En el networking, la calidad es antes que la cantidad. Unas cuantas tarjetas de presentación intercambiadas rápidamente y con poca decisión no lo van a llevar más lejos. Desaparecen en el cubo de la basura tan rápidamente como cambiaron de dueño. Por ello es necesario fijar prioridades. ¿Quién es realmente importante? ¿Quién puede hacer avanzar su proyecto? ¿Necesita una red lo más amplia posible de socios o unos pocos especialistas en un área muy específica? Con las respuestas correctas a estas preguntas sabrá pronto para qué contactos vale la pena el esfuerzo y a quién es mejor dejar de lado. No hay tiempo que perder, más bien se puede ganar mucho tiempo si aprende pronto a colaborar con las personas adecuadas. Por cierto, eso se aplica a ambos lados: a usted y a sus socios comerciales.

Claro, muchos clientes es buena publicidad. Y con ello también nuevos pedidos rápidamente. Pero es al menos igual de importante tener a las mejores personas a bordo para poder atender la demanda de manera óptima. Porque, ¿de qué sirve una resonancia desbordante si no se puede responder con una oferta de alto nivel? La mayor parte de las veces, esto solo conduce a la frustración, en usted y en el cliente. Una buena red garantiza un equilibrio sano y crece con la empresa.

Cada contacto aporta ventajas específicas que, como un rompecabezas, usted debe unir para lograr una imagen integral que tenga sentido. Las partes individuales del proyecto tienen que coincidir para que funcione. Un componente de este rompecabezas es la red, otro es su equipo.

Para la jugada realmente grande, tiene que poder luchar, pero como luchador solitario no se llega muy lejos. Cada persona tiene sus límites, por eso se necesita el equipo correcto. Cada uno se hace cargo de su tarea y cada uno es, por separado, importante para el concepto total: un organismo que funciona.

Solo necesita mirar su propio cuerpo. Nosotros, los seres humanos, estamos hechos de innumerables células microscópicas. Cada una tiene unos recursos diferentes, otras tareas, pero todas son igualmente importantes. Lo mismo se aplica para los órganos internos. Nadie sobrevive si el corazón deja de latir, pero igualmente importantes para la supervivencia son el hígado, el cerebro y los riñones. Solo en su interacción es posible el «milagro del ser humano». Las leyes de nuestro cuerpo se aplican de manera semejante para la organización empresarial.

También la empresa es un organismo vivo en el que cada parte cumple sus tareas. Solo entonces se logra el éxito, solo entonces se genera el progreso. Pero el plan de construcción es distinto para cada empresa. Mientras que el cuerpo humano siempre está constituido por los mismos órganos, cada empresa necesita otros recursos. Reparta las tareas pendientes de tal manera que cada uno haga lo que puede hacer mejor. Y, sobre todo, tenga cuidado de que solamente se haga lo que es relevante para la empresa. Entre ello se cuenta reconocer en cada uno de los empleados el potencial que enriquece al proyecto en conjunto. ¿Quién no conoce la historia del becario que se pasa el rato haciendo café? Yo digo: ¡basta ya! Un becario no viene a hacer café, sino porque quiere comprometerse con la empresa. Quiere involucrarse, aportar algo y aprender al mismo tiempo. El director ejecutivo es quien tiene la responsabilidad de definir el puesto donde este compromiso se pueda desplegar de la mejor manera.

Mucha gente cree que el éxito solamente es resultado de una mentalidad de abrirse paso a empujones. Naturalmente que a veces se requiere la capacidad de imponerse, pero es indispensable la mirada para el individuo que todo empresario necesita para tener éxito. Sin esta habilidad no se puede crear un equipo que responda rápidamente. Y sin un equipo, el gran éxito se queda en una utopía. Si se quiere, el equipo propio es la red más importante que usted tiene. Esas son las personas que trabajan directamente en la realización de su visión.

Solo hay que echar un vistazo a la historia de la humanidad. ¿Cómo pudimos avanzar tanto? Alguna vez fuimos hordas de nativos que cazaban en las estepas; hoy nos comunicamos a distancias de miles de kilómetros, y esto en fracciones de segundos. Entretanto, podemos cultivar células, predecir los fenómenos atmosféricos, describir el universo. El haber alcanzado todos estos hitos se lo debemos a una obra maestra de la organización: la división moderna del trabajo. Al ya no tener que preocuparse solamente por su mera supervivencia, los seres humanos pudieron dedicarse a la investigación de cosas nuevas. Como existían los campesinos, que con su agricultura aseguraban la alimentación para otras partes de la población, se pudieron establecer la ciencia y el empresariado, que han llevado tan lejos el desarrollo de la humanidad. Hasta ahora, las empresas juegan un papel importante en el financiamiento de la investigación.

Lo que se pudo lograr a gran escala en el curso del desarrollo humano, no puede excluirse tampoco en la construcción una empresa moderna. Solo si una parte de los empleados atiende los negocios cotidianos, otra parte puede atacar la planificación a largo plazo. Solo si están aseguradas una contabilidad regular y una buena atención constante al cliente pueden otras divisiones trabajar en abrir otros mercados nuevos. Y también un networking de alto nivel cuesta tiempo y nervios que solamente tendrá si hay un equipo atrás que le deja libres las espaldas. La primera red de la empresa son los empleados mismos.

Una empresa es un organismo vivo. Un organismo que por naturaleza se transforma constantemente. Nuevos competidores aparecen en escena, los empleados vienen y van, el desarrollo técnico avanza. Todo esto tiene consecuencias en el proyecto propio. Debe ser consciente de que el networking no es algo puntual, no es un elemento en una lista de tareas pendientes al que se le pone una marca una vez acabado. El networking es un proceso que dura para siempre porque al igual que su empresa se transforma cuando usted crece, desarrolla nuevas estrategias y perfecciona su perfil, también se transforma el mundo de los negocios a su alrededor. El cultivo de contactos es una actividad constante en la cual son fundamentales sobre todo dos cosas.

En primer lugar, se debe conservar siempre una mirada crítica. No son pocas las personas que suponen que siempre va a continuar igual cuando una cosa ya funciona bien. Esto es una falacia. El mundo se encuentra en transformación constante. Esto se aplica más que nunca en la era de la globalización y las redes. ¿Quién le garantiza que la demanda de sus productos y servicios se mantendrá todavía en un par de meses? ¿Quién puede estar seguro de que no hay, ya desde ahora, nuevos competidores al acecho? Exacto: nadie. Y usted menos que nadie. El mercado está en desarrollo continuo. Por lo tanto, la mejor forma que puede haber de asegurar el futuro consiste en tener una mirada crítica y realista respecto a su empresa y al desarrollo del entorno, es decir, también de las redes. Por importantes que puedan ser los sueños y visiones precisamente al inicio de una idea de negocios, si quiere establecer su empresa a largo plazo, no puede cerrarse ante las transformaciones reales. En esto le ayuda una buena red, porque reacciona sensiblemente a las transformaciones. Como un sismógrafo que registra un terremoto que se intensifica lentamente, también su propia red le envía señales de las transformaciones que se están llevando a cabo. A usted le toca reconocer estas señales.

En segundo lugar, se requiere estar alerta, no solo con respecto a la red externa, sino también con respecto al «círculo interno» de su empresa. Las ventajas de un equipo que funcione bien son suficientemente claras. Pero no es un don divino que usted se beneficie constantemente de estas ventajas. Un estado permanente de despreocupación no le aportará la colaboración de muchas personas en su equipo, porque la gente cambia, sus planes y motivaciones varían. Los empleados pueden cambiar de orientación, pueden retirarse. Es menester sustituirlos si se requiere. Más de uno dejará que desear en cuanto a su entrega adecuada. No tenga miedo de las palabras sinceras, solo así se pueden evitar las pérdidas de eficiencia. Estas son oportunidades de dejar en claro sus visiones y objetivos.

El que no puede ser sincero ante sus empleados, tampoco es sincero ante sí mismo. Pero solo con un trato abierto con la crítica se logra adaptarse rápida y creativamente al mundo en transformación constante. Aquel que tome en consideración este conocimiento tiene todas las cartas en la mano para lograr un buen futuro para una empresa, tanto en la red propia como también en el mercado de consumo.

Cada transformación también conlleva tensiones. No siempre resulta fácil aceptar que las circunstancias han cambiado. Precisamente cuando las cosas van peor de lo esperado, más de uno pierde el dominio de sí mismo. Y, sin embargo, en esos momentos son precisamente las decisiones equilibradas, bien reflexionadas, la mejor forma de salir de la crisis. ¿Cómo manejar a un socio comercial que se convierte en competidor? ¿Qué hacer cuando se ha agotado la confianza en un empleado que ha hecho méritos por la empresa durante años? ¿Cómo comunicar que los recursos financieros deben repartirse nuevamente? Todas estas son preguntas que no tienen una respuesta global, pero sí hay pautas que le ayudan a tomar buenas decisiones. No tiene ningún sentido aguantar sin hacer nada los conflictos que surjan y esperar que un día se arreglen por sí mismos. La mayor parte de las veces, suelen agudizarse todavía más. Con ello, las consecuencias se hacen más graves. Las decisiones retrasadas alcanzan a un empresario más rápido de lo que le gustaría. En el peor de los casos, el problema le pilla por sorpresa.

Por ello, es necesario encontrar el momento adecuado para desprenderse de las ilusiones con las que nos hemos encariñado y abrirse a la realidad, aunque a veces pueda ser doloroso. Tampoco en el ámbito privado nadie puede esperar seriamente de usted que se aferre a una relación en la que se han agotado el afecto y el amor. Hay casos en los que una separación es la única solución correcta.

Los pasos radicales exigen un esfuerzo, pero una vez realizados, abren posibilidades totalmente nuevas para rediseñar el proyecto. Aceptar el hecho de que nada es eterno le da a su pensamiento una flexibilidad que es indispensable para un director ejecutivo exitoso. Tiene que estar siempre al día de las tendencias del momento. Si no, el tiempo pasa frente a usted como un tren de alta velocidad. No pierda el tren, sino suba a bordo mientras pueda. El mejor ejemplo de esto es la digitalización. No sirve para nada cerrarse a las transformaciones, lo alcanzarán tarde o temprano. ¿Cuántas empresas han dejado pasar la transformación digital, y cuántas otras se han beneficiado de ella? Para estar del lado ganador, un director ejecutivo tiene que ver el potencial de las nuevas posibilidades técnicas en lugar de defenderse de ellas. Los costes y los esfuerzos deben dirigirse al futuro y no al pasado. El futuro lo puede transformar, el pasado permanece como está. El potencial se halla solamente en el futuro, y para alcanzarlo, puede ser necesario darle una orientación completamente nueva a su empresa. Piense solamente en las fábricas de coches, en las cuales al lado de las personas ahora también existen máquinas que se hacen cargo de complicados procesos de fabricación. Hay que aguantar el hecho de que con este nuevo orden se producen tensiones, porque aferrarse al statu quo es fatal. Si la empresa se va al traste, a final no se ayuda a nadie. Como director ejecutivo, usted tiene la responsabilidad.

Pero ¿cómo se logra crear un equipo que trabaje con éxito a largo plazo? No es suficiente reunir a algunas personas desordenadamente como nos plazca con la esperanza de que ya lograrán realizar algo. Usted tiene objetivos concretos, y para alcanzarlos necesita un rendimiento potente. Solo el hecho de que muchas personas trabajen conjuntamente no significa automáticamente que también sean productivas al hacerlo.

El trabajo en grupo trae consigo muchas trampas. Más de uno se dormirá muy pronto en los laureles, otro descargará constantemente sus tareas a los colegas. Como personal directivo, usted requiere mucha sensibilidad para descubrir la dinámica de grupo antes de que estalle. Para esto se requiere algo de experiencia, pero ya con un par de sencillos trucos se puede incrementar el rendimiento del equipo. ¿De qué se trata?

Tenga cuidado de involucrar en su proyecto solamente a personas que también estén convencidas de la relevancia de dicho proyecto. Esto suena banal, pero con demasiada frecuencia no es el caso. Con cuánta frecuencia se oye decir a los empleados que solamente están trabajando en la cuenta por el pago mensual del sueldo. Naturalmente que no funciona sin una retribución justa y sin estímulos financieros, pero esto no es todo, en absoluto. Quien trabaje en su equipo tiene que aportar más que solo el deseo de enriquecerse él mismo. Aquí vuelvo al efecto de la pasión. Solo el que irradia pasión por aquello que hace, puede tener éxito a largo plazo. Esto se aplica a todos y cada uno de los miembros del equipo, sin importar en qué posición estén. Si falta la pasión, también se pierde pronto la motivación. Y nadie quiere tener en la oficina a un empleado sin empuje, sobre todo, cuando se tiene que pagar dinero por él.

Por ello, sus objetivos tienen que ser también los objetivos del equipo. Averiguar los objetivos de un empleado potencial lo antes posible es un buen criterio de evaluación que necesitará con bastante frecuencia en la selva de la búsqueda de personal. Porque un sueldo justo es una cosa, pero la sensación de llevar a cabo una actividad que tiene sentido, comprometerse por un objetivo importante, incrementa mucho más la disposición al rendimiento. El que hace una cosa solo por dinero se vuelve infeliz más rápido y rara vez se vuelve realmente rico, precisamente porque nunca va a hacer las cosas como alguien que está entusiasmado por su trabajo. El dinero no puede sustituir a la pasión. Y sin pasión, incluso la mejor idea está condenada al fracaso.

Un equipo solamente existe si todos se reconocen en él. Los procesos y las capacidades tienen que engranar entre sí. Lo que usted necesita no es un conjunto de luchadores solitarios, sino un grupo que se apoye mutuamente. Solo cuando los miembros del equipo se complementan unos a otros, y sobre todo también están dispuestos a asumir responsabilidades, no solamente por sí mismos, sino también por sus colegas, predomina el espíritu de equipo adecuado.

Un equipo puede rendir claramente mejor si cada uno de los individuos percibe que contribuye con una parte importante al éxito de todos, no solamente al cumplir a conciencia con su tarea original, sino también al ayudar flexiblemente en caso de dificultades, al asesorar a sus colegas, al hacerse cargo de las cargas de trabajo de forma repentina.

Los problemas en el trabajo también se deben poder tematizar en el grupo, porque cinco mentes muchas veces piensan mejor que una. De esta manera se pueden encontrar soluciones colectivas a los problemas individuales. Esto aumenta el sentimiento de pertenencia y fortalece la cooperación en el futuro.

Nadie está solo con sus problemas. Todos tenemos nuestros errores. Lo que es decisivo es cómo se enfrentan los problemas. El que lo intenta por su cuenta, se arriesga a meterse pronto en un callejón sin salida e irritar a su entorno. En cambio, quien hace partícipe al equipo y delibera sobre las dificultades juntamente con el grupo, pone con ello a todos al corriente y puede recibir una ayuda importante de sus compañeros. Solo con la transparencia suficiente tiene la posibilidad de ajustar los procesos laborales de manera flexible a las necesidades y peculiaridades de los empleados. Para eso está el equipo: para complementarse mutuamente, apoyarse y aprender unos de otros utilizando cada uno las partes positivas del otro.

Por eso, además de las capacidades profesionales, para ser un director exitoso se necesitan también competencias personales. Para las cuestiones complejas se requieren mentes brillantes, pero el éxito sostenible solamente se produce cuando estas mentes brillantes también trabajan bien juntas. Todos tienen un carácter diferente, un trasfondo familiar diferente y peculiaridades siempre distintas, no tiene sentido tratar de cambiar nada a la fuerza. Tal vez algunas cosas se puedan modificar, pero esto no debe ser primordialmente tarea del entorno profesional. En lugar de eso, se llega más lejos simplemente reconociendo esta verdad, reconociendo que los seres humanos son diferentes. Vale la pena ver las ventajas en esta diferenciación y hacerlas resaltar, porque con eso se abren distintos puntos de vista. Esto es parte del arte del manejo exitoso de personal. Quien maneja con respeto las peculiaridades de los otros puede exigir él mismo que lo acepten. Quien conoce los problemas de los demás, debe apoyar específicamente. Superar juntos las debilidades y aprovechar juntos las fortalezas: así se resume el camino hacia un trabajo de equipo fructífero.

En ese camino, la comunicación es primordial. Nadie puede asomarse a la mente de su interlocutor. La mayoría de las veces, las especulaciones sobre su mundo de sentimientos y pensamientos producen inquietud en lugar de aportar claridad. La cocina de rumores burbujea, y lo esencial, el trabajo conjunto, se reprime hacia un segundo plano. Para que no llegue hasta ese extremo, es recomendable una atmósfera de conversaciones abierta.

Un diálogo abierto es a veces más curativo que cualquier instrucción, por muy convincentemente que esta se transmita. Simplemente hablar de un problema ya deshace muchos bloqueos la mayoría de las veces. La conversación abierta, ya sea entre dos personas o en el grupo, es lo que abre la puerta a un nuevo nivel de calidad en el trabajo de equipo. Por eso, un director ejecutivo debe promover específicamente las posibilidades del intercambio abierto. De la retroalimentación recíproca se benefician todos. Cada uno sabe dónde está, lo que tiene que rendir. Esto crea la certidumbre de estar trabajando en el punto adecuado, genera confianza en sí mismo y mejora de paso también la capacidad de crítica y comunicación, características que más tarde, también en el intercambio con los clientes, valen literalmente.

Si ya ha sentado las bases para su equipo y requiere además recursos de personal complementarios, debería discutirlo también de forma activa. Un análisis exhaustivo sobre qué competencias y personalidades se requieren todavía solamente sale bien si también se toman en cuenta para ello las opiniones de los colaboradores. En la composición del equipo radican los cimientos para un trabajo exitoso. Los pequeños detalles y los procesos laborales cotidianos se pueden corregir, pero las capacidades de alto nivel no se pueden internalizar de la noche a la mañana, el carácter humano no es de goma. La personalidad y la competencia profesional son los factores decisivos en el perfil necesario para los nuevos compañeros. Los mejores resultados los conseguirá si sabe exactamente lo que quiere, y si dicho saber se basa en un análisis limpio. Piénselo: nuestra fábrica de ideas, nuestro cerebro, es el mayor tesoro que tenemos. Aprovéchelo. Aproveche su intelecto. Y el intelecto del equipo.

Las grandes decisiones para la empresa no se deben tomar en soledad entre cuatro paredes, sino que deben hablarse abiertamente. A una decisión importante debe darle tiempo porque, muchas veces, la mejor idea no llega de inmediato volando al escritorio, sino que se desarrolla con cada intercambio, cada discusión y cada consulta. Por supuesto, para la decisión no va a poder tomar en cuenta todos los aspectos ni escenarios posibles; aun así, no debería precipitarse con instrucciones sin reflexionar. Consultarlo con la almohada durante una noche, y también tomar en cuenta la propia sensación instintiva, a veces hace milagros. La manera en que se desarrolla la búsqueda de la decisión influye en gran medida en la calidad de la decisión misma. Por ello, en Karatbars hemos desarrollado una secuencia de acción concreta para procesos de decisión que permite tanto la aportación de todo el equipo como también correcciones y retroalimentación.

El curso correcto de la empresa se tiene que sopesar siempre de nuevo. Para esto, el director ejecutivo, por experimentado y capaz que pueda ser, depende de toda su tripulación, como el capitán de un barco. Porque, además de su brújula, ella es la que le da la información que requiere para actuar correctamente. Lo mismo se aplica para la democracia. Solamente cuando aquellos sobre los que se decide tienen una influencia sobre los políticos, aceptarán sus decisiones. ¿Quiere que se respeten sus decisiones en la empresa? Entonces incluya a los colegas en la búsqueda de la decisión. Porque el que participa en la cogestión, se identifica más fuertemente con el proyecto correspondiente. De esta manera, el rendimiento y el compromiso van de la mano.

A pesar de todos los elogios al trabajo de equipo, que también se menciona en una de cada dos revistas para directores, aquí van algunos comentarios críticos. No todas las tareas son adecuadas para manejarse y solucionarse en grupo. La comunicación permanente entre todos también puede ralentizar considerablemente la búsqueda de decisiones. Precisamente cuando se requiere actuar con rapidez, esto sería fatal. Todo equipo requiere una estructura, sin un mínimo de jerarquía no funciona. Tiene que haber alguien que mantenga la visión de conjunto y que pueda hacer valer su autoridad en caso de duda. Igual que en los deportes existe un entrenador y un capitán del equipo, también en la empresa hay un gerente que tiene las riendas en la mano. Muchos tienden a envidiar a su jefe. Dicen que para él resulta muy fácil, que simplemente puede delegar las tareas. Pero esto es una burda estimación falsa. Ser jefe no significa solamente mandar y andar dándoles órdenes a otros. Quien dirige una empresa debe tener muchos procesos en la cabeza al mismo tiempo, y asume la responsabilidad si se producen fracasos. Antes que nada, una persona tiene que poder manejar esta presión.

Un director ejecutivo tiene que poder fijar impulsos para el desarrollo del proyecto. No puede perderse en el trabajo cotidiano. Tiene que poder generar nuevas ideas, integrarlas, y ver potenciales que se puedan ampliar. Los estudios han mostrado que la creatividad se inhibe en los grupos y que la autocrítica necesaria se reprime fácilmente. Esto nos muestra: en realidad, no solamente es importante el equipo, sino también el que lo dirige, el director ejecutivo. Mejorar el equipo constantemente, seguir incrementando la cooperación, son objetivos que vale la pena perseguir, absolutamente. Pero esto no sucede por sí mismo, sino que para ello se requiere una conducción inteligente, y a veces también una mano dura del jefe.

En Karatbars he logrado crear un equipo de unos 600.000 socios afiliados que distribuyen nuestros productos por todo el mundo en estrecho contacto con el cliente. Sería utópico creer que yo conociera a cada uno de los asociados. Y, sin embargo, todas estas personas están unidas por una visión común. Y esta visión la encarna Karatbars. Y aunque sé que sería ilusorio conocer a toda esta gente personalmente, me esfuerzo por lograr un contacto lo más estrecho posible porque, por muchas ventajas que traiga consigo la digitalización, es la conversación personal la que más hace avanzar un buen trabajo de equipo. Muchas veces, un intercambio personal aporta más que cientos de correos electrónicos. Yo percibo al otro, recibo una imagen de la persona que tengo enfrente en cada caso y aprendo a entender a esta persona, y al revés. Más allá de las diferencias culturales y lingüísticas, de esta manera se desarrolla un sentimiento de comunidad. Este sentimiento encarna un éxito sostenible.

3. «Persigue tu objetivo, y no te dejes apartar por nada.»

El camino al éxito no sigue una línea recta. Incluso el que tiene una buena idea y la lleva adelante con pasión y habilidad, se encuentra una y otra vez con obstáculos. Para lograr el objetivo propio, un empresario necesita una estrategia clara y bien pensada, pero incluso el plan mejor pensado no puede tomar en cuenta todos los eventos del futuro. Una crisis económica, la pérdida de importantes colaboradores o dificultades en la vida privada pocas veces se pueden prever. Sus consecuencias son prácticamente imposibles de planear. Aceptar esto es un primer paso para lograr un manejo productivo de las dudas. No podemos prever todo. Las sendas de nuestras vidas son demasiado variadas y casuales, pero con la actitud adecuada se logra dirigir la propia vida en una dirección de manera autodeterminada.

Todavía recuerdo bien mi conmoción y la de mi familia cuando le diagnosticaron leucemia a mi abuela. A esta conmoción le siguió un doloroso proceso. Mi abuela fue perdiendo cada vez más la movilidad. Se le podía notar cómo la iba afectando la enfermedad, hasta que finalmente acabó postrada en cama. Nos costó mucho tomar la decisión, pero en algún momento no nos quedó otra alternativa y le conseguimos un lugar en el asilo. Algunos meses más tarde, mi abuela falleció, y yo me hundí en una profunda tristeza.

A fin de cuentas, ella me había acompañado a lo largo de toda mi vida hasta ese momento, me había criado y dado el sustento. Siempre había estado presente, y había tenido una participación muy importante en mi vida. Una fase difícil. Pero también había otro aspecto. Porque pronto fue quedando claro que ahora mi madre se podía entender con mi padrastro mejor que nunca. Ya no había una tercera persona que siempre interviniera en las conversaciones o influyera en mi madre. Una armonía inesperada entró en nuestra familia un tanto quebrantada. Mi abuela había influido en mi madre durante toda una vida. Ahora yo sentía que mi madre tenía una mayor estabilidad, que se había vuelto más segura y actuaba con más confianza en sí misma. Estas experiencias me mostraron que también las cosas malas, las crisis y las conmociones, a veces pueden actuar de manera positiva, activar cosas nuevas, desencadenar desarrollos en nosotros y en nuestro entorno en los que hace mucho que ya no habríamos creído.

En tales momentos no podemos dejarnos caer en la incapacidad para actuar, sino que se deben tomar decisiones claras. Precisamente eso se cuenta entre las tareas diarias de un empresario. Incluso la decisión de fundar una empresa es una etapa que no debe ser subestimada. Se tiene que invertir dinero y dedicar mucho tiempo al nuevo proyecto. El entorno social se tiene que adaptar a las nuevas ambiciones. ¿Cómo reaccionan los amigos y la familia cuando usted frecuentemente padece estrés en la fase inicial? Precisamente la fase fundacional de una empresa nos depara muchos desafíos que requieren una confrontación intensiva consigo mismo y sus semejantes.

Tanto más importante resulta entonces invertir en este momento toda la energía en el proyecto propio. Es muy normal que aparezcan las dudas, solo que no deben imponerse ni determinar la conducta unilateralmente. Porque una cosa está clara: ser un empresario está necesariamente ligado a los riesgos. Ningún jefe de empresa puede evitar el atreverse a hacer algo, aunque tenga dudas justificadas de las posibilidades de éxito.

De lo que se trata es de alcanzar el balance adecuado de dudas y confianza en sí mismo. Porque, a pesar de todos los efectos negativos que puedan tener las dudas superfluas sobre el desarrollo de la empresa, también pueden tener un efecto positivo. Por ejemplo, ayudan a no sobrestimarse y, por lo tanto, a no excederse después. A pesar de todo el riesgo y toda la pasión por el proyecto empresarial, a nadie se le ayuda si el jefe termina quemado. En el peor de los casos, la empresa tiene que arrancar de nuevo. Esto cuesta otra vez tiempo y nervios.

Las dudas ayudan a mantener la propia capacidad de rendimiento para el futuro y reducir el gasto de energía hasta una medida practicable. Esto no quiere decir que se tengan que abandonar los proyectos ambiciosos. Las dudas solamente recuerdan que no todo tiene que suceder de una sola vez. El éxito solo es sostenible si se puede desplegar en pequeños pasos de trabajo continuo.

Es importante reconocer los propios puntos débiles. Nadie es perfecto, todos cometemos errores alguna vez. Aprender de ellos y anticipar los peligros que pueden surgir de ellos también en el futuro es una competencia valiosa que no se debería desaprovechar. Las dudas son totalmente normales y muy adecuadas para evaluar correctamente las capacidades propias y para imaginarse alguna vez también posibles escenarios futuros con una perspectiva pesimista. En toda decisión, un empresario tiene que sopesar entre las ventajas y las desventajas, entre los riesgos y los potenciales. Sobre esta balanza de la búsqueda de decisiones se ponen también las dudas justificadas. Una balanza es un instrumento de medición preciso. Por ello, también las dudas que se sopesan en ella deben estar definidas exactamente. Los miedos difusos no se pueden medir, solo se puede revisar la probabilidad de que se presenten dudas concretas. Por ello es necesario formular los temores propios tan exactamente como sea posible. No importa si se realiza por escrito en una hoja de papel o verbalmente, en un intercambio abierto con amigos y colegas. Solo de esta manera es posible reconocer exactamente de dónde vienen las preocupaciones y si podrían estar justificadas. Un efecto secundario positivo de esto es que las reservas que al principio son muy grandes se pueden reducir considerablemente con este procedimiento. Con ello, la mayor parte de las veces, el núcleo problemático de un presentimiento negativo se vuelve manejable. Piense por ejemplo en la imagen de un alpinista que quiere escalar el monte Everest. Claro que al mirar la montaña de ocho mil metros va a tener dudas de si su proyecto se puede realizar, pero si se pregunta ahora exactamente qué problemas concretos podrían esperarlo, se hace más realista la superación de la tarea. Si tiene miedo del frío en la cumbre, se puede conseguir el equipo adecuado. Si tiene respeto por la soledad de varios días o miedo de los accidentes, se puede conseguir un equipo de personas que lo acompañe por una cierta distancia. Con casi todas las dudas se puede lograr un manejo productivo. Las dudas favorecen la fantasía al exigir soluciones, estimulan la creatividad propia.

Como empresario, usted es productivo. Esto se aplica no solamente para su idea de negocios, sino también para el manejo de las emociones. Dé usted también a sus dudas una fuerza productiva, aprovechándolas para reducir los riesgos futuros. ¿Tal vez hay realmente todavía un hueco en su concepto? ¿A lo mejor se sobrestimó en alguna tarea y puede confiarla a un experto? No pocas veces las dudas son guías útiles para enfrentar adecuadamente los problemas futuros,

pero es por lo menos igualmente importante volver a recordar sus fortalezas relevantes. Incluso si alguna vez las dudas en una situación son especialmente graves, no debería estar descontento consigo mismo. Es mejor pensar cómo se dominaron con éxito los desafíos pasados.

Quien domina su oficio, encuentra formas de superar los obstáculos que se presenten. Ir perdiendo uno a cero no significa necesariamente perder el partido. Perder solo un partido no significa no poder estar en el podio de ganadores al final de la temporada. Al mantener en el punto de mira el objetivo y sus propias fortalezas, incluso aunque se presenten la crítica o las dudas de sí mismo, se mantendrá en el rumbo correcto hacia adelante. Ningún ajetreo, ningún accionismo le ayudará a progresar en tales situaciones, sino que es el enfoque correcto es el que lo conduce a su objetivo. Siga a su pasión y confíe en su fuerza de persuasión. Al final, estas características estarán por encima de todas las dudas.

Mucha gente tiende a ver sobre todo lo negativo. Según el dicho, buscan los tres pies al gato. Pero en lugar de poner atención meticulosamente en las menores insuficiencias, la mirada debe estar dirigida a la totalidad. Tenga presente cuán lejos ha llegado ya. Recuerde los potenciales de su idea de negocios o las personas que ya le han otorgado su confianza. También un equipo fuerte entre bastidores puede proporcionar una valiosa confirmación de que se está en el camino correcto. Enfocarse sobre los éxitos alcanzados hasta el momento da fuerza para enfrentar los riesgos futuros. Es la fuente para la confianza en sí mismo, la que necesita para enfrentar nuevos proyectos y desarrollarse al mismo tiempo con ellos.

La fe mueve montañas. Esto lo he vivido en mi propia familia. Mi madre, dependiente del alcohol, y por ello en ciertas fases totalmente letárgica, se decidió finalmente un día a realizar un tratamiento de desintoxicación. Para ella, ese fue un gran paso en aquel entonces, porque desgraciadamente entretanto ya no podía imaginar su vida sin el alcohol. Pero creyó en ella misma, creyó que podría lograr renunciar al alcohol. Y funcionó. ¡Y cómo! Después de seis meses de tratamiento, estaba sobria. Y después de eso, nunca volvió a tocar ni siquiera una copita de una bebida de alta graduación. Incluso se afilió a la Cruz Azul, una comunidad cristiana de antiguos alcohólicos que ahora son abstemios. En el sentido más verdadero de la palabra, se aferró a su fe, iba cada día a la iglesia, creía en Dios de todo corazón. Esto le dio apoyo y la mantuvo lejos del alcohol por el resto de su vida.

Nadie está a salvo de las crisis, ya sea en la familia o en la empresa. Las personas son diferentes, tienen otras opiniones y otros trasfondos, crecieron de otras maneras. Ahí, los conflictos están programados de antemano. A veces alguno podrá tener la sensación de pasar de una crisis a la siguiente. Pero sea preciso: solo raras veces las situaciones difíciles tienen siempre realmente las mismas causas. La historia no se repite, y el presente se puede dirigir. Un manejo abierto de los conflictos ayuda a solucionar rápidamente los problemas. En el mejor de los casos, una experiencia de ese tipo enriquece el carácter y le permite gobernar mejor el siguiente conflicto.

El que trabaja en equipo debe tener siempre una actitud abierta para los estados de ánimo de sus semejantes. Los amigos y colegas pueden mostrarle una nueva perspectiva sobre un determinado problema. Esto puede conducirlo a nuevas ideas de cómo se puede manejar una situación. Todos estos son caminos para que los eventos negativos no conduzcan a bloqueos, sino que se conviertan en motor del desarrollo de la empresa.

También yo tuve que luchar con las dudas en la época inicial de Karatbars. Mi familia tenía miedo de que fracasara mi proyecto. Tuve que invertir dinero, y por supuesto que con ello estaba corriendo un cierto riesgo. ¿Lograría conseguir clientes? ¿Funcionaría también en la práctica lo que había imaginado teóricamente? La mejor respuesta era, a pesar de todas las dudas, simplemente probarlo. Algunos de mis amigos argumentaban que estaba a punto de tirar a la basura mucho dinero. Decían que era mucho más inteligente darme por satisfecho con un empleo fijo seguro en una empresa, pero eso no correspondía con mi naturaleza. Ya había visualizado mis objetivos y era consciente que tenía que arriesgar algo para avanzar. Un «¡Sigue así!» habría significado para mí un estancamiento, y el estancamiento era lo contrario de lo que quería alcanzar.

Pero las dudas no pasan sin dejar huella. Naturalmente, estuve reflexionando mucho y cuestioné mis planes, pero no me dejé desanimar. Todo lo contrario, me empleé a fondo, más que nunca, a favor de mis convicciones. Comencé a discutir con mis amigos y en la familia, les daba las razones por las que quería aferrarme a Karatbars.

La necesidad de los clientes de una inversión segura, los variados conceptos que permitía el comercio con oro, el progreso tecnológico: todo esto me daba la sensación de que yo tenía la razón. Así, también me di cuenta de que muchos puntos de crítica de los escépticos provienen de un sentimiento de inseguridad general, y que en su núcleo eran poco convincentes. Los argumentos que hablaban a favor de mi concepto de negocios prevalecieron sobre los contras. Esto confirmó mi decisión.

Sin embargo, llegar a esta conclusión exigió de mí algunas semanas de darle vueltas al asunto y un viaje en una montaña rusa de emociones. Sin embargo, al final de esta fase había aprendido varias cosas. Primero: las dudas forman parte de todo riesgo. El que asume un riesgo no puede evitar tener que reflexionar también sobre los escenarios negativos. Pero, en segundo lugar: precisamente las dudas son una posibilidad de poner a prueba las propias ideas. Las dudas le dan a la persona que va a fundar una empresa la oportunidad de eliminar carencias en su concepción y de cuestionarse de forma autocrítica. Si las dudas vienen de fuera, de los miembros de la familia o los amigos, vale la pena discutir con esas personas. Porque, a fin de cuentas, lo único que quieren es evitar golpes bajos y pérdidas a una persona que aprecian. Convencerlos de que realmente vale la pena el riesgo que uno quiere correr es un magnífico ejercicio. Hacer un buen trabajo de convencimiento es una competencia fundamental del empresario. Ya sea frente a proveedores de fondos, clientes o empleados: en todos lados es menester defender la propia opinión con argumentos plausibles. No se lo tome a mal si sus amigos critican sus ideas, más bien aproveche la oportunidad para argumentar. Sus amigos le proporcionan el escenario para ejercitarse, de forma que después, cuando realmente sea importante, esté armado en toda la línea. Estar abierto a la crítica, poder escucharla y aceptarla, amplía el horizonte propio con valiosas perspectivas. Además, se trata de una excelente oportunidad para ejercitarse y así cultivar más tarde un intercambio productivo al tratar con los empleados y los clientes.

Porque, independientemente de una propuesta de solución concreta, también el cliente a veces desea simplemente liberarse de sus preocupaciones. El poder escuchar con atención le muestra a la persona que tenemos enfrente que lo tomamos en serio, una condición previa necesaria para la confianza mutua.

Otra estrategia más que he logrado conseguir al manejar las dudas radica en acentuar los potenciales de optimización. La mayor parte de las veces, las dudas se alimentan de las ideas sobre todo aquello que podría salir mal en el futuro. Pero ¿cómo sería lanzar primero una mirada al presente? Su idea de negocios no viene de la nada. Usted ha descubierto déficits, cosas que le molestan y que quiere mejorar con su idea. Concretamente: el aquí y ahora no es óptimo, requiere de modificaciones, y su idea aporta esta importante transformación. Por ello, perseverar en el statu quo no es una solución.

Por lo tanto, las dudas que se le manifiestan no son una exhortación para no hacer nada, sino una sugerencia de cómo puede hacer todavía mejor lo que ya hace desde ahora. Puede ayudar elaborar listas concretas de tareas que tengan una prioridad especial y por ello sean más relevantes. Las dudas pueden ser una posibilidad para reestructurarse. Los posibles obstáculos y las reacciones negativas se pueden considerar y concretizar de antemano. Entonces, estará bien preparado en caso de que se presente realmente el escenario negativo que se ha imaginado. Entonces sabrá qué tiene que hacer, puede proceder de forma premeditada y evitar la agitación innecesaria.

Si alguien lo confronta con sus dudas, reflexione qué sería la alternativa a su proyecto. Se ha decidido a recorrer un camino del cual está absolutamente convencido. Ha desarrollado una idea de la cual está seguro de que aporta mejoras necesarias. Entonces, no permita que le impidan hacerlo. Todo lo contrario: no realizar los propios planes, caer en la pasividad, es muchas veces aún más peligroso que atreverse a dar el siguiente paso, incluso cuando al principio parezca arriesgado. En general, ya se ha invertido tiempo, energía y dinero en el proyecto, ya se han tomado las decisiones de principio, y esto por buenas razones. Por ello, no hay que permitir que lo aparten tan rápidamente de su objetivo.

Solamente el hecho de que ya haya gastado recursos muestra que su proyecto tiene un valor añadido por el cual vale la pena emplearse a fondo. «Pero ¿cómo afronto concretamente a un escéptico en la conversación personal?», se preguntará seguramente. Mi sugerencia, que por experiencia da buenos resultados en la práctica, es: muestre cuán urgente es que su idea se ponga en práctica. Proporcione ejemplos de las irregularidades que ha detectado y exponga lo que su proyecto puede cambiar al respecto. Advierta también a su interlocutor los peligros que existen si no se hace nada y usted tiene que cancelar su proyecto en contra de lo esperado. A más tardar entonces se debe generar en su interlocutor una conciencia de lo importante que es su asunto.

Aquí se trata de permanecer objetivo. Solo en un segundo paso se deben apoyar los argumentos técnicos con el apego y pasión personales hacia el proyecto. ¿Tiene una anécdota en la cual le hayan llamado la atención de manera especial los problemas que ahora quiere enfrentar? ¿Ya ha recibido de otras personas respuestas positivas sobre su plan de negocios? Todo esto le muestra al interlocutor con dudas que usted trabaja con tenacidad y a conciencia por alcanzar su objetivo, que de esta manera usted también es capaz de evaluar los riesgos y superar las crisis una vez fortalecido.

Del mismo modo que siempre hay escépticos respecto a una idea, también hay admiradores. En las fases marcadas por el pesimismo, puede ser de gran valor establecer contacto con tales personas o acordarse de su convicción. ¿Qué es lo que los admiradores aprecian de su idea? ¿Por qué creen que su proyectó tendrá éxito? Toda moneda tiene dos caras. No perder de vista la cara brillante y positiva, incluso en tiempos difíciles, da fuerza cuando esta es especialmente necesaria.

Si en algún momento aumentan las impresiones negativas en el entorno, se debe acentuar el lado positivo del proyecto. Al hacer destacar la cara brillante de la moneda en tiempos de crisis personales, usted realiza un cambio de perspectiva hacia el optimismo, con un efecto de aumento de la productividad. Si se logra poner el foco de atención en la parte fascinante de la misión, el pronóstico para el futuro en general resulta considerablemente más.

Si las dudas vienen, por ejemplo, de los empleados, se puede argumentar con las ventajas que tiene una decisión también para los colegas de forma totalmente personal. Esto puede ser un mejor sueldo, pero también simplemente tareas nuevas e interesantes o la perspectiva de un ascenso. Pero estas promesas no se deben simplemente decir sin más. Aquí se requiere precaución y sentido de la proporción. Las ventajas potenciales también están vinculadas a una mayor entrega de los empleados. La va a poder necesitar precisamente cuando se presenten cuellos de botella o vaya a darse el siguiente gran paso en la empresa. Las nuevas ventajas van de la mano de una actitud de expectativa mayor que también se debería formular. En el caso ideal, de esta manera también se ganará a los escépticos de entre sus colaboradores y podrán hacer los siguientes pasos colectivamente.

No hay problema con las dudas, siempre y cuando no se llegue a la desesperación. Igualmente, la crítica es buena e importante, siempre y cuando no se vuelva destructiva. Hay que tener en cuenta que el crítico tiende a ser más objetivo que el interlocutor impulsado por dudas difusas e inseguridades. Por un lado, esto hace más fácil tratar con críticos, pero al mismo tiempo también más complicado.

Casi siempre, un crítico argumenta con argumentos concretos, aporta hechos y una opinión determinada. Con ello crea puntos de contacto para ocuparse de su crítica de forma constructiva. La mayor parte de las veces, el crítico no proviene de la familia, sino del entorno profesional. Es un experto en el área en la cual usted quiere establecerse con su empresa. En mi caso, los mayores críticos provenían del sector financiero y de inversiones, expertos muy arraigados y experimentados en su especialidad que en muchos casos pensaban que ya conocían todas las artimañas de su sector. Al principio, impresiona mucho la confianza en sí mismos y la seguridad que tienen estas personas, pero no se debe dejar intimidar por eso.

Porque usted es el visionario. Se distingue de sus críticos precisamente por el hecho de que se atreve a hacer algo y quiere crear algo realmente nuevo. En cambio, sus críticos siguen siendo los accesorios en el trasfondo. Nada de mostrar una falsa modestia, incluso si el tono llegara a ser algo cortante, este es el lema. Se debe permanecer firme e intentar ganar puntos con argumentos propios, porque los que al final deciden sobre su éxito o fracaso no son sus críticos, sino sus clientes.

No importa lo convincentes que parezcan los críticos: tampoco ellos son perfectos. No hay nadie que tenga la ciencia infusa. También un crítico es falible, aunque hacia el exterior no lo parezca a primera vista.

Como en el manejo de las dudas, lo que se necesita es sacar lo positivo de lo negativo. Aquí ayuda categorizar la crítica que se le hace a su proyecto. ¿Qué puntos realmente pegan? ¿Qué reparos están bien fundamentados y por ello son comprensibles? Usted se beneficia de los comentarios de los expertos al ajustar su estrategia en algunas partes, porque modificar algo en su concepto a posteriori no es un signo de debilidad, sino de flexibilidad empresarial. Se trata de adaptar el proyecto lo mejor posible al mercado para alcanzar el máximo éxito. En este proceso, la crítica objetiva puede ser un importante detonante.

También yo atravesé fases en las cuales tuve serias dudas sobre mí y mis capacidades. No solamente en el periodo previo a la fundación de Karatbars, cuando todavía había muchas cosas inseguras y estaba por verse cómo iba a continuar. También después de mi doble experiencia traumática con la empresa de inversiones suiza que había desaparecido, el proceso judicial que vino después y la muerte de mi abuela atravesé por momentos en los cuales me cuestioné de manera fundamental a mí y a mi trabajo. Pero ¿qué alternativa tenía a simplemente seguir? De alguna manera tenía que seguir. Y tocar fondo alguna vez en la vida, tanto en la vida privada como en la profesional, no excluye volver a levantarse poco después y empezar nuevas cosas. Es difícil volver a empezar sin nada. Mis excedentes se habían consumido. Había pagado los impuestos que se debían y además había vivido como un rey, siempre creyendo que todo iba a seguir como hasta ese momento. Un gran error, como se demostró.

Pero sí tenía algo, un poco más que nada. Tenía una idea. Mi camino me llevó de vuelta al sector financiero, puesto que seguía teniendo un contrato con la aseguradora Stuttgarter Versicherung. Y había aprendido algunas cosas en mi carrera. De entre todas estas cosas, sobre todo la mercadotecnia multinivel me daba la impresión de tener buenas perspectivas. Tenía la idea de vender seguros como en el local de un club, así que alquilé una pequeña casita, la amueblé muy cómodamente y la llamé Club Holiday. Además, desarrollé un nuevo modelo de comisiones. Todas las personas que compraran un seguro para el futuro recibirían una comisión por recomendación si aportaban a nuevas personas. Me acordé de la frase del magnate petrolero y multimillonario estadounidense Jean Paul Getty: «Prefiero ganar un uno por ciento del trabajo de otras personas que cien por cien de mi propia fuerza de trabajo.» Este fue mi lema.

Pero antes de poder arrancar el proyecto tenía que hablar con el jefe de mi sucursal en la Stuttgarter Versicherung. Le expliqué mi proyecto con todo detalle, pero creo que no lo entendió bien. Solo me dijo una frase: «Sabe usted, señor Seiz: cuando el lago está tranquilo, los patitos pueden nadar bien.» Sea como fuere, yo había conseguido el permiso para comenzar. Podía echar a andar el proyecto. ¡Y cómo! En muy poco tiempo, ya tenía a cien personas en el negocio. Estaba teniendo una facturación excelente, más del triple de todos los jefes de sucursal en Stuttgart juntos. Mi jefe de sucursal se alegró de mi éxito, pero también desconfiaba un poco. Para hacerse una idea de mi trabajo, visitó nuestro local del club Holiday. Se aseguró de que todo estuviera en orden, pero todavía no había entendido completamente. Cuando la facturación de seguros ascendió a más de 30 millones de marcos al mes, recibí una invitación para una cita con nuestro director de sucursal de Stuttgart. Entretanto habían pasado ya tres trimestres, y yo estaba de nuevo ya decididamente en la senda del éxito. Mi ingreso ascendía a más de 25.000 marcos al mes. Sin embargo, ya me imaginaba lo que me querían preguntar los importantes señores de la Stuttgarter Versicherung cuando me invitaron a verlos. «Señor Seiz, ¿cómo lo hace?», me preguntó el director de sucursal. Como lo había hecho antes con mi jefe de sucursal, le expliqué todo hasta con el menor detalle. Él solo movía la cabeza asintiendo. Luego me dijo que pronto me haría llegar la decisión de cómo quería manejarlo. Esta llegó unos tres meses después. Una mala noticia. La Stuttgarter Versicherung me prohibía continuar mi trabajo en la forma actual. Tenía que bajar la persiana del negocio. De nuevo tenía que abandonar algo que había construido con éxito y en lo cual había invertido mucha energía. De nuevo tenía que desarrollar algo nuevo. Pero eso ni siquiera era lo peor. Ya conocía esa sensación. Para mí, era mucho más grave la impresión de que ni el jefe de sucursal ni el director de sucursal habían entendido realmente mi estrategia.

En mi carrera, un crítico convencido muchas veces me había resultado más útil que cualquier escéptico impreciso. Pues ¿qué distingue una crítica fundamentada de dudas difusas? Las dudas están dominadas por una emoción, un sentimiento instintivo de inseguridad, pero en cada perspectiva de éxito existe también necesariamente una pizca de riesgo. Es la única manera.

En cambio, una crítica sólida está determinada por la razón, demuestra que alguien del gremio se ha ocupado de analizar sus planes a un nivel más profundo. Si se quiere, la crítica es una forma sincera de apoyo. Dirige la atención a potenciales puntos débiles del concepto. Le hace consciente de dónde puede mejorar cosas todavía. Más de uno se busca expresamente un asesor para ello. Si un crítico llega a usted por iniciativa propia, al final usted no puede perder, sino solo ganar: en conocimientos, pericia y experiencia.

Puede aceptar la crítica, ajustar algunas tuercas y mejorar de esa manera el concepto propio. Si desde su punto de vista la crítica no es comprensible, nadie lo obliga a perder más tiempo ocupándose de ella. Así, también la pérdida de tiempo se mantiene dentro de límites previsibles.

Por supuesto que también hay críticas de diferente calidad. Una opinión expresada a la ligera más bien debiera ignorarla porque, por bien intencionado que sea un juicio sobre su proyecto, cuesta energía ocuparse con él. Por ello debe fijar sus prioridades para ver qué aspectos de la crítica son relevantes. Ponga el enfoque en los puntos de la valoración que realmente le hayan convencido.

También entre los críticos hay ovejas negras, gruñones que no discuten por interés profesional, sino porque quieren ponerle a uno piedras en el camino. Tal vez tengan envidia de sus ideas creativas, tal vez quieran atrapar clientes ellos mismos con un concepto semejante. Por desgracia, esto sucede una y otra vez. Precisamente al principio no siempre se puede reconocer directamente quién quiere hacerle bien y quién quiere hacerle mal. Sin embargo, al ir ganando experiencia empezará a percibir qué crítica está expresada seriamente y qué evaluación es simplemente para molestar.

Por lo tanto, permita la crítica por principio, pero solo mientras no sacuda el núcleo de sus convicciones. Usted es el motor de su proyecto. La crítica es solo una instrucción para realizar un ajuste fino, pero nunca una razón para dejar parado el coche a mitad de camino. Igual que en el intercambio con escépticos, también al tratar con críticas debe mantener una visión integral. Lo que un crítico considere una carencia, tal vez un cliente o empleado convencido lo considere especialmente bueno. La crítica y el elogio son las dos caras de una moneda. Una no puede existir sin la otra. Su tarea consiste en procurar el balance óptimo, siempre con el objetivo de llevar su empresa hacia adelante.

Porque, al final, se trata de eso. En última instancia, las discusiones con los escépticos y críticos no son lo que conduce al éxito. Lo que cuenta al final es el rendimiento. Más que cualquier palabra, lo que convence son los hechos. La gente no se acuerda de lo que pudo haber dicho alguna vez, pero sí lo evaluarán su rendimiento, aquello que ha logrado.

En este punto quisiera acabar con un malentendido que está muy extendido. Mucha gente cree que el rendimiento conduce automáticamente al éxito, pero no es así. El rendimiento no es igual al éxito. Un deportista puede tener el mejor rendimiento de su carrera, por ejemplo, correr su mejor tiempo y, sin embargo, no alcanzar la medalla de oro. Sin embargo, una gran entrega y una disposición del cien por cien para lograr un gran rendimiento son condiciones necesarias para la visión propia, para poder ser capaz de alcanzar el objetivo propio. Al igual que un deportista requiere un entrenamiento de muchos años para alcanzar un nivel máximo y llegar a calificarse para una gran competición, también el empresario tiene que trabajar en sí mismo para poder sacar todo su potencial.

Para lograr el mejor resultado posible, el desempeño tiene que ser el adecuado. Pero el éxito no depende solamente del rendimiento logrado. Puede haber momentos en los que tenga la sensación de haber llegado ya a su límite. Sin embargo, el éxito deseado tal vez no se alcance de inmediato, y esto no depende forzosamente de usted mismo.

Si por ejemplo considera un equipo de fútbol o un grupo de corredores de relevos, pronto le resultará clara esta noción. El rendimiento de un jugador puede aumentar las posibilidades de éxito de todo el equipo, pero sigue sin ser una garantía del triunfo. Incluso si todos los miembros aportan el cien por cien requerido, todavía no es seguro el triunfo, porque la competencia también puede ser igualmente fuerte, o una breve intervención del azar puede tener consecuencias decisivas.

Con este conocimiento resulta más fácil manejar también las derrotas. Una carrera muy pocas veces transcurre en línea recta, sin rodeos y directamente hacia arriba. Existen altibajos, obstáculos y dificultades, pero también soluciones. Si alguna vez fracasa con un objetivo que se ha fijado, no necesariamente tiene que deberse a su rendimiento personal. En un momento tan difícil es mucho más importante la certeza de haber dado lo máximo posible y lo mejor de sí mismo.

Exactamente así sucedió conmigo. Con mi local del club Holiday y el nuevo modelo de comisiones, había creado un concepto exitoso que superó todas las ventas de seguros hasta el momento en la región. No obstante, le echaron el cerrojo a mi trabajo. Fue difícil soportarlo, pero en ese momento no se podía cambiar. Había dado todo lo mejor de mí, había invertido tiempo y energía. Seguir cosechando los frutos a cambio se me hizo imposible por la prohibición de mi director de sucursal. Pero llegó la siguiente cosa. Yo ya tenía el futuro en el punto de mira.

Desde el 1 de enero de 1998, la compañía de telecomunicaciones Telekom había perdido su monopolio. Un buen amigo me contó que una nueva sociedad de telecomunicaciones estaba creando una infraestructura de organización en Alemania. La base: mercadotecnia multinivel. Mi área especial, mi disciplina más importante. «Guau», pensé. Ingresos pasivos: ganamos dinero si alguien habla por teléfono con otra persona. ¡Esta era mi oportunidad! Si bien al principio solo hablábamos aquí de centavos, estos se pueden ir sumando. El potencial era gigantesco.

Por ello, convoqué a todos mis socios comerciales y les expliqué la situación. Fui totalmente sincero: «La aseguradora Stuttgarter Versicherung ha prohibido nuestro modelo actual. Pero tengo un nuevo plan para nosotros.» Les expliqué nuestra flamante oportunidad de ganar dinero por cada llamada telefónica. Lo que antes era un negocio solo para Telekom, lo podíamos aprovechar ahora para tener ganancias. La reacción fue apabullante: la gente estaba entusiasmada, y casi todos los que antes habían trabajado conmigo en la Stuttgarter Versicherung se sumaron al nuevo proyecto.

La sociedad se encontraba todavía en la fase de prelanzamiento. Había mucho que hacer, y con ello muchas posibilidades de organización. Yo veía como mi tarea constituir una estructura en toda Alemania. Mi persona de contacto en la sociedad de telecomunicaciones era un verdadero profesional en la mercadotecnia de redes. Yo lo seguía a todos lados, de ciudad en ciudad. Dormíamos en hoteles por toda Alemania, casi todas las tardes organizábamos conferencias con socios comerciales que él ya conocía. El resultado fue grandioso: el 95 por ciento de los socios se sumó al proyecto. Era algo especial, y no éramos los únicos que lo veían así. Al principio solamente me sentaba a un lado durante las conferencias y escuchaba. Sin embargo, pensé que con escuchar no iba a poder crear una organización. Tenía que participar activamente yo mismo. Así, al día siguiente me puse de camino a la ciudad, muy motivado, y hablé directamente con la gente. Ya el primer día había hablado con 30 personas y había intentado convencerlas de que vinieran por la tarde a nuestra junta. Pensaba que al menos vendrían 10 o 15 personas. El resultado real fue mucho más modesto. Habían venido tres personas. Entendí rápidamente. Cerca del 10 por ciento vendría a las juntas por la tarde si yo hacía un buen trabajo antes. Así, seguimos viajando de ciudad en ciudad y yo fui erigiendo mi organización. Cada 10 a 14 días regresábamos al mismo hotel, y lentamente fue arrancando la cosa, porque los socios ya reclutados traían nuevos socios comerciales, y así sucesivamente. Una vez echado a andar el negocio, la fase de prelanzamiento fue un gran éxito para mí. Había creado la segunda organización más grande en esa empresa.

Mi primer cheque fue de 8000 marcos, y esto solamente porque una persona hablaba por teléfono con otra y las cantidades en centavos, totalmente insignificantes, se iban sumando a la masa. Nada era mejor que una gran organización para hacer lucrativo el modelo. Después de un año, la empresa hizo un gran recorrido de inauguración por ocho ciudades alemanas, y en cada sala tuvimos por lo menos mil invitados. A partir de entonces arrancó de verdad. Ahora estábamos ganando realmente mucho dinero. Viajábamos de ciudad en ciudad, acordábamos juntas y atraíamos cada vez más socios. ¡Era un sueño!

Había alcanzado mi punto óptimo hasta el momento. Fue un gran éxito que muchas veces es más fácil de decir que de hacer, pero de mi experiencia había desarrollado algunas estrategias útiles para ello.

Tiene una razón que al principio de este libro haya hablado tan detalladamente de mis ídolos Elvis Presley y Martin Luther King. No solo los he mencionado porque sus acciones fueron una gran motivación para mí precisamente al principio de mi carrera y en mi juventud, sino también porque me ayudaron a mejorar continuamente. Porque yo no solamente admiro a estos dos estadounidenses, sino que también los veo como una medida de mi propio rendimiento. Elvis Presley y Martin Luther King son para mí ejemplos de personas con una grandiosa presencia personal, ya sea en el escenario o en la tribuna. Ellos representan convicción y ambición, valor y carisma. Ambos encarnan los atributos que son determinantes para mi rendimiento. Por lo tanto, son el punto fijo con el que puedo alinear mis acciones y con el que puedo evaluar mi propio rendimiento.

Medirse con grandes modelos conduce naturalmente también a una gran altura de la que uno puede caer. No cualquiera se convierte en una estrella. No todas las personas, ni mucho menos, logran las cosas que hacen avanzar a la sociedad como un todo. El lugar en los libros de historia es muy limitado. Pero, a pesar de todo eso, los ídolos aportan la prueba de todo lo que se puede alcanzar en una vida. Muestran lo que es posible con un desempeño obstinado y perseverancia. También Elvis fue alguna vez un joven desconocido de un suburbio americano, como los hay por miles. Martin Luther King tuvo que luchar pronto contra la represión que le imponía la sociedad. Y ambos lograron construir algo realmente grande, algo que no se olvidará en los siguientes decenios, o tal vez siglos. Ellos utilizaron sus capacidades para lograr el mejor efecto posible y tuvieron éxito, cada uno a su propia manera.

He aprendido que no se trata de imitar todo lo que ha distinguido a nuestros modelos. Toda persona tiene su propio camino de vida totalmente individual, tiene otra historia, crece en otro lugar y en otra época, pero nuestros modelos son excelentes maestros cuando se trata de mejorar. Muestran cuáles son las cualidades y capacidades realmente importantes. Su camino de vida es al mismo tiempo una máxima y una orientación para nuestra vida porque, aunque cada uno tenga que recorrer su propio camino, sigue existiendo un número asombroso de paralelismos entre las diferentes personas. Por ejemplo, cuando se trata de la persuasión. Exactamente como yo tengo que convencer a un cliente importante en una conversación, Elvis tenía que poder entusiasmar a sus espectadores. Igual que Martin Luther King debía tener el valor de hablar abiertamente sobre los problemas de los Estados Unidos, yo corrí un riesgo con Karatbars. La manera en que nuestros modelos manejaron las crisis es un excelente hilo conductor para las propias acciones. Muchas veces, comparar nuestra propia pretensión con ellos es muy ilustrativo. ¿Cómo convencía Elvis a su público? ¿Qué medios estilísticos, que lenguaje utilizaba Martin Luther King en sus discursos? Todo esto son puntos de contacto para ver cómo se pueden mejorar el rendimiento propio. Probablemente no va a poder copiar a un Elvis Presley, a muchos simplemente les falta la voz para ello, pero sí encontrará un camino muy individual para hacer fructífero el valor simbólico de su trabajo para sus ambiciones personales. Incluso una estrella no tiene solamente lados positivos, por eso no se puede tratar de un calco. Ponga en primer plano lo que para usted sea positivo de sus ídolos. Ese es su criterio de medición, su motivación, su pretensión.

Hay que reconocerlo, es todo menos fácil cumplir las pretensiones propias de inmediato y al cien por cien, y tampoco sería necesariamente útil, porque casi siempre es precisamente la pretensión no cumplida la que lo hace mejor a usted. Porque esta es el impulso de seguirse desarrollando. Casi siempre, lograr un determinado objetivo es solo un paso intermedio. Pronto aparecen en el horizonte nuevos desafíos. Un deportista de alto rendimiento raras veces se conforma con una medalla. Quiere seguir continuamente actuando en el nivel más alto. Y la competencia tampoco está dormida. Nuevos competidores entran al escenario. Entonces se requieren nuevas ideas, mejores estrategias y flexibilidad. Incluso si ha dominado una etapa importante, no debe dormirse en los laureles.

Muchas veces, ni siquiera tiene la oportunidad de hacerlo, porque nunca faltan las malas sorpresas y las transformaciones vertiginosas en el mundo de los negocios. Así fue también en mi caso en la sociedad de telecomunicaciones. Tenía mucho éxito desde hacía más de un año y había creado una estructura de organización rentable. Y entonces, estalló la bomba. ¡Insolvencia! La empresa se declaró en suspensión de pagos. No podía entenderlo en absoluto. A fin de cuentas, estábamos teniendo una facturación gigantesca. Pero de nuevo no me quedó otra opción más que aceptar el aquí y ahora. Tenía las manos atadas. Más tarde se comprobó que la sociedad solamente había recabado a los clientes para después revender más caros los contratos. Todo era un gran engaño, pero ¿qué podíamos hacer? Yo solo era un pequeño engranaje en esta maquinaria, demasiado insignificante para denunciar en grande el engaño, demasiado débil para pagar los platos rotos por los errores e irregularidades de los otros.

Por mi experiencia como administrador, sé que todos tienen sus puntos ciegos. A algunos les falta calidad en el intercambio personal, a otros les falta un enfoque continuado o una visión empresarial de futuro. Por eso, aproveche los desafíos nuevos para abordar constructivamente sus debilidades. Y aquí vuelven a entrar en escena los escépticos. Ellos le pueden señalar dónde tiene todavía un potencial de mejora, mientras se va desarrollando el proyecto. Incluso poder aceptar su crítica es una habilidad en la que más de uno todavía tiene que trabajar.

Aunque el éxito confirme el logro propio, no se debe dejar de trabajar en sí mismo. Después de poder reportar los primeros éxitos económicos mayores en Karatbars y de que la empresa creciera cada vez más rápido, muchos me felicitaron por este resultado. Por supuesto, yo estaba muy agradecido por ello, y no quisiera negar también una cierta satisfacción. De ser un empleado en el servicio externo de administración de bienes, me convertí en un hombre de negocios de importancia. La solemne acogida en el salón de la fama de la revista Manager Magazin me hacía ver claramente este salto personal en mi desarrollo. Al lado de los grandes nombres de la economía alemana, ahora encontraba también el mío propio. Esto significaba un gran aprecio por mi trabajo, pero para mí, de ninguna manera era una razón para marcharme y dar carpetazo a Karatbars.

El reconocimiento era para mí la anhelada confirmación de mi trabajo, la respuesta positiva a los primeros pasos en el cumplimiento de mi visión, la prueba de que había tomado el camino correcto y había invertido mi entrega en las cosas correctas.

Se podría creer rápidamente que a partir de ese momento todo se volvió más fácil. Pero no lo fue, en absoluto. El éxito no es algo automático, sino el resultado de muchos años de esfuerzo. Y se puede ir tan rápido como llega.

¿Cómo dice el dicho? «El orgullo precede a la caída.» En este caso, yo no quería andar a tientas. Con el valor del momento y el reconocimiento público a mis espaldas, ideé otros conceptos para seguir desarrollando a Karatbars. Naturalmente, la retroalimentación positiva hizo más fáciles muchas cosas, pero también en esos momentos del éxito era necesario no perder nunca de vista el futuro.

Cuando los elogios vienen de todas partes, una mirada crítica hacia adentro es una buena cura para no caer en la pasividad. Claro, el éxito que se ha obtenido entretanto es algo increíblemente vigorizante, pero no debe obstruir la vista hacia lo esencial. Para mí, estos eran los siguientes proyectos con Karatbars, cuya cartera de productos quería seguir ampliando. Así como en épocas de crisis hay que acordarse de lo positivo y reunir valor para el siguiente camino pedregoso, en los tiempos de éxito se debe uno acordar de los aspectos que todavía se pueden mejorar. Del reconocimiento se puede obtener la energía necesaria para superar los siguientes obstáculos en el camino. El reconocimiento público moviliza fuerzas que se deben aprovechar productivamente en lugar de dejar que se consuman en alabanzas propias.

Y esto vale también para los empleados. Como director ejecutivo y fundador de Karatbars, muchas veces ocupo el centro de la atención cuando se trata de reconocimientos y galardones. Si se toma en cuenta el riesgo que corrí al fundar la empresa y los recursos que he invertido en el desarrollo de la idea, esto resulta comprensible. Sin embargo, Karatbars, como la creación de muchas otras empresas, no es únicamente el resultado del esfuerzo de un solo hombre. Detrás del éxito hay un equipo fuerte, desde el inversionista hasta el colaborador. Cuando en el año de 2015 me galardonaron con el título de Senador de la Federación de Fomento Económico, me quedó claro que la distinción no solamente se basaba en mi propio esfuerzo, sino también en el esfuerzo de todos los colegas y personas que nos apoyaron. Los grandes conceptos, como el de una moneda honesta utilizando el oro, tal vez se puedan imaginar en solitario, Pero no pueden realizarse. Encontrar personas que colaboren día a día con la misma pasión en la realización de esta visión, que lo den todo de sí mismas por el éxito de la empresa y que para ello no les importe tener que hacer a veces horas extras porque se identifican con la empresa es algo inmensamente importante en este camino. El galardón sugiere que yo solo saqué a Karatbars de la nada. En realidad, solo contribuí con la parte probablemente más grande. Pero sin las muchas contribuciones, sin el trabajo en equipo de distintos expertos, un éxito de ese tipo no hubiera sido posible a pesar de mi gran entrega. El nosotros es más fuerte que el yo. Esto es tanto más válido cuanto más grandes se van volviendo los desafíos. Una estrategia empresarial integral y global, como la que perseguimos en Karatbars, solo se logra con un equipo combativo. A este pertenecen también nuestros más de 420.000 socios comerciales en todo el mundo. Trabajan cada día en 120 países del mundo en la realización del concepto de Karatbars. Karatbars ya no es solamente Harald Seiz. Karatbars se ha convertido en una comunidad. El objetivo de hacer posible una vida mejor para las personas ya no es solamente la misión de un solitario, sino el proyecto de toda una comunidad que abarca a todo el mundo. Las muchas distinciones que recibo como iniciador de este movimiento son un grandioso reconocimiento, pero en absoluto son la única razón del orgullo y la alegría que experimento, sobre todo en el negocio cotidiano con mis clientes y socios en Karatbars. Su respeto y confianza son la mayor recompensa y el mejor agradecimiento por tanto trabajo que he invertido en Karatbars.

Para mí, esta anécdota muestra más claramente que cualquier otro ejemplo que no solamente se trata del propio esfuerzo. Para tener éxito, es indispensable un grupo de personas con espíritu de equipo. Un equipo en el que puede haber fricciones, pero que siempre pone en primer plano el gran objetivo común. Incluso en los deportes supuestamente individuales, como por ejemplo el tenis, ganar el título nunca se basa solamente en el esfuerzo del jugador individual. Detrás de un Boris Becker hay todo un equipo de entrenadores, psicólogos, médicos, y también amigos y familiares. Solo mediante su contribución, con su apoyo, florece plenamente el talento del profesional.

El inicio de mi carrera como
asesor financiero, 1982.

Mi propia empresa financiera:
nuestra celebración de Navidad, 1988.

Mi primer coche deportivo.

Los coches veloces han sido y siguen siendo mi pasión.

Sede de Karatbars en Stuttgart.

Uno de mis muchos momentos de reflexión: siempre con mi visión en la mente.

En la feria Invest en Stuttgart, 2017.

Un momento histórico para mí en 2018: emisión de monedas de bonos. Es la primera vez a nivel mundial que la gente puede cambiar sus criptomonedas digitales por auténtico oro físico.

En uno de nuestros eventos en Canadá.

Mi visita al Freedom Celebration Event en Los Ángeles, 2016.

En el Token Fest, una feria de criptomonedas en San Francisco, 2018.

Una maravillosa mañana en San Francisco antes del Token Fest de San Francisco, 2018.

En la Bolsa de Nueva York, 2018.

En una entrevista para la televisión frente a la sala de la Bolsa de Nueva York, 2018.

En la Asociación Federal de Fomento Empresarial.

En una feria en Doha, la capital de Qatar.

Harald Seiz en el escenario.

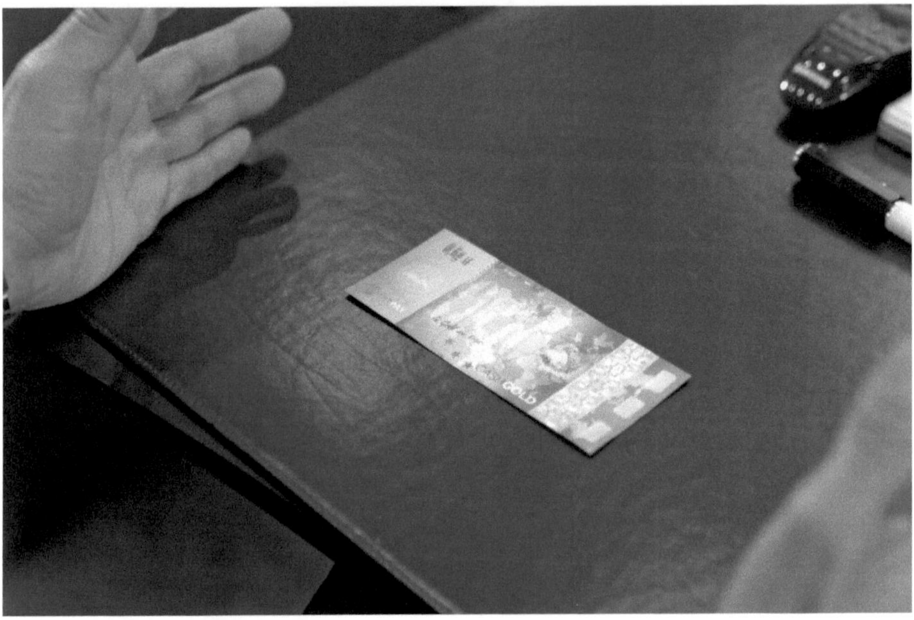

Recién salido de la imprenta: nuestro Cashgold.

Utilizamos auténtico oro de 24 quilates para elaborar el Cashgold.

4.
«Cultiva de nuevo la confianza de tus clientes cada día.»

600.000 socios comerciales: esto corresponde a la dimensión de una ciudad grande. Pero, a diferencia de una gran ciudad, en la red de clientes y asociados de Karatbars no predomina el anonimato. Esto tiene varias razones de las cuales quisiera destacar especialmente solo una porque es indispensable para una empresa con éxito.

El cliente es el «pan de cada día» para cualquier empresa. Si no hay demanda, no hay negocio. Así de simple es la ecuación. Por eso, es necesario darlo todo para convencer al cliente. Y esto no solamente al principio, sino permanentemente. ¿Cómo puede lograrse?

Al buscar respuestas a esta cuestión, se da todo un abanico de posibilidades de acción. Naturalmente, el producto desarrollado tiene que ofrecer un valor añadido especial para el comprador. Naturalmente, usted tiene que ocuparse de que alguien ponga su atención en usted, de que lo perciban en el mercado. Sin duda, estos son factores de peso para llegar a nuevos clientes. Pero si se cava más profundamente, se puede descubrir el aspecto decisivo de una buena relación con el cliente:

se trata de la confianza. Lo he notado en cada nuevo proyecto que he comenzado.

Poco después del fracaso de la sociedad de telecomunicaciones, ya estaba persiguiendo un nuevo proyecto. Ya conocía la sensación de empezar de nuevo y también tenía una idea prometedora. Por aquel entonces, el gran vendedor era eBay. Mi idea consistía en trasladar el concepto de eBay a la mercadotecnia de redes. Estaba absolutamente convencido de que mi empresa iba a crecer rápidamente con esta idea, y al final incluso tal vez iba a superar a eBay, pero para eso necesitaba primero una plataforma en línea que funcionara bien. Había reservado algo de dinero y contraté a un programador. Concebí un plan de mercadotecnia de redes propio y reuní un equipo base de 20 personas en torno a mí: mis directivos. Incluso antes de que estuviera terminada la programación, comenzamos con la creación de la organización. Nuestra oferta consistía en paquetes de 400, 800 y 1200 euros. Muchos de nuestros clientes se integraron ya con el paquete grande. Semana tras semana organizaba presentaciones, sobre todo en la ciudad de Aalen puesto que de ahí provenía la mayoría de mis socios comerciales. Sin embargo, pronto me di cuenta de que esta manera de proceder consumía mucho dinero. Para organizar el negocio a lo grande se tenían que organizar costosos eventos, invertir mucho tiempo y también alquilar los espacios adecuados. La programación también era un punto de los costes. Por lo tanto, necesitaba más medios para realmente poder invertir. «De eso depende por completo toda la empresa», pensé. En la búsqueda de soluciones, los posibles patrocinadores atrajeron mi atención. Hablé con algunos financiadores potenciales. Algunos quedaron realmente encantados con el proyecto y se mostraron dispuestos a apoyarlo. En total, los patrocinadores estuvieron de acuerdo en cubrir inversiones por un monto de 250.000 euros. Pero, en el mismo instante, también dejaron claro que todo esto aún tardaría un tiempo. A fin de cuentas, estas sumas tenían que ser aprobadas por la dirección de la empresa, y además querían esperar a ver cómo se desarrollaría nuestro todavía joven proyecto.

El problema: seguíamos teniendo nuestros costes fijos. En especial, tenía que pagar al programador, que era decisivo para nosotros porque sin una plataforma funcional y atractiva, nos faltaba un medio importante para poder mostrar el potencial de nuestro proyecto a nuestros patrocinadores. Pero los pagos de nuestros financiadores nos llegaban muy poco a poco, y nuestros propios ingresos no podían cubrir todavía las necesidades financieras en esta etapa temprana. Así que seguí esperando a los inversionistas. Después de un año, la programación estaba prácticamente lista y finalmente podía presentar también algo concreto.

Habíamos creado una plataforma semejante a eBay, solo que un poco mejor. Ofrecíamos mejores posibilidades, por ejemplo, una prórroga del plazo de venta en ofertas de último minuto o una adjudicación oculta. Trabajé muy duro para crear una nueva organización. De forma lenta pero segura empezaban a sumarse cada vez más personas. Entretanto teníamos más de 700 socios comerciales, pero yo seguía esperando la luz verde de los inversionistas. 25 por ciento de la empresa por 250.000 euros, ese el trato. Por lo menos sobre el papel. Los meses iban pasando, y no sucedía nada. Pudimos mantener funcionando el proyecto, pero seguíamos sin registrar grandes ganancias. Algunas veces incluso tuvimos dificultades con el dinero. Cuando no pudimos pagar una vez al programador, bloqueó la página. Esto fue la peor catástrofe. Nuestros socios estaban desconcertados; nuestros clientes, enojados. Con eso, el programador nos había lanzado un cañonazo de advertencia. Para mí, su comportamiento era incomprensible. Claro, quería ver su sueldo, bien merecido, pero nadie se lo estaba negando. Todos estábamos en el mismo barco. Todos queríamos salir adelante y crear algo. Para mí, éramos un equipo, y no un grupo de egoístas luchadores solitarios. Teníamos un objetivo común, eso creía yo. Pero tuve que aprender que un programador piensa un poco diferente.

Sin embargo, sigo estando convencido: el hombre es un ser social. Es verdad que podemos arreglárnoslas solos durante un tiempo, pero tarde o temprano buscamos la conexión con amigos, colegas o la familia. Desde siempre hemos entablado contacto unos con otros. Ya en nuestra infancia temprana aprendemos a comunicarnos con los demás. Hasta un recién nacido espera la reacción emocional de sus padres. El sentido social es un instinto primigenio del ser humano.

Es verdad que los motivos tras él pueden ser los más diversos. Uno busca amistad, otro una cooperación productiva, un tercero espera encontrar el amor de su vida. Pero a todos estos motivos los une el deseo del intercambio social.

Una vida en aislamiento es una pesadilla para la gran mayoría de las personas. Necesitamos al otro como un espejo de nosotros mismos. Necesitamos la interacción para entendernos mejor unos a otros. Necesitamos a alguien que nos tienda una mano cuando las cosas no vayan bien, una opinión sincera cuando estemos enredados en un dilema. Y muchas otras cosas más.

El contexto en el que anhelamos tener a alguien enfrente es diferente en cada caso. Tanto más asombroso resulta entonces que en el mundo de los negocios haya la tendencia a considerar rápidamente a los clientes como meras unidades económicas y con ello a enmascarar la diversidad social. En las estadísticas de las grandes empresas, «el cliente» aparece en una hoja de papel como una cifra de la estadística. Con ello no quiero quitarle valor a las encuestas y análisis estadísticos, pero mi objetivo consiste en llamar la atención hacia lo que se encuentra detrás de la fachada, detrás de las cifras y los hechos económicos. El ser humano es el que ocupa el lugar central.

Todo cliente es al mismo tiempo un ser humano. Y en el mundo moderno, todo ser humano es al mismo tiempo un cliente. No tiene que ser consciente de ello, pero usted realiza diariamente una gran cantidad de negocios. Ya sea al comprar el pan por la mañana en la panadería, al repostar gasolina de camino al trabajo o al mudarse a una nueva casa. El cliente no es una figura abstracta y borrosa en el horizonte, es un ser humano con necesidades, deseos y conductas muy concretas. Su personalidad es compleja, está marcada por los amigos y la familia; el cliente tiene una opinión propia y un carácter propio. ¿Qué significa darse cuenta de esto para un director ejecutivo? Ante el trasfondo de la complejidad de los seres humanos que acabamos de bosquejar, tenemos que aprender a pensar desde la perspectiva del cliente. Esto significa, por un lado, aceptar la diversidad de las necesidades del cliente, para en el siguiente paso poder hacer una oferta individual adaptada de forma óptima a él. No conciba al cliente como un fenómeno de masas opaco, más bien intente entrar en el mundo personal de sus ideas. Pensar desde el punto de vista del cliente le ayudará a reconocer los potenciales para sus actividades de mercado y más tarde a hacerlos fructíferos.

Como jefe de una empresa, uno tiende a perder muy fácilmente el contacto con la población sencilla. Uno está en su torre de marfil, firma documentos y se va alejando cada vez más de la vida normal que se desarrolla diariamente al nivel de los hechos. ¡Esto es fatal! Para algunos, poner solamente su firma sentados en su trono de la planta directiva puede ser bonito y llenarles de orgullo. Pero para no perder su fuerza innovadora, y sobre todo su visión para la realidad externa, lo más importante es el contacto constante con los clientes.

Y es que usted no desea desarrollar nada que al final ignore totalmente las necesidades de las personas. No desea producir nada que consuma recursos sin generar demanda. No desea crear nada que acabe en el basurero de la historia tan rápidamente como fue creado. Precisamente estas experiencias son las que quisiera ahorrarle, porque estas cosas impiden el desarrollo de su empresa, obstaculizan el progreso económico, sin el cual no alcanzará sus objetivos. No se ponga más piedras en el camino. Las ofertas irreflexivas cuestan tiempo, esfuerzo, dinero y no tienen ningún efecto. Para evitarlo, conserve su contacto con la realidad, sin importar lo grande que se haya vuelto su empresa. Y conserve la mirada personal hacia los clientes, la mirada desde el punto de vista de los clientes.

Pensar desde la perspectiva de los clientes significa mantener en el punto de mira el mercado que quiere atender. Es una falacia con muchas consecuencias creer que uno es el único actor en un cierto segmento. A más tardar, cuando los observadores atentos se den cuenta de que su idea tiene éxito, intentarán presentar conceptos semejantes, tal vez mejorados. En una economía de mercado abierta todo es posible. Los amigos se pueden convertir en competidores. No hay ninguna garantía de que recibirá su pedazo del pastel. El cliente, que busca nuevas ofertas siguiendo sus necesidades, también tendrá en cuenta la oferta de la competencia y sopesará con quién quiere hacer negocios. Usted debe hacer lo mismo. Al comparar el surtido de productos de sus competidores con el suyo propio, obtiene valiosos conocimientos para posicionarse mejor en el mercado.

Sin embargo, con eso no queremos decir que tiene que dejarse llevar por todas las modas que pasen por el mercado. Una nueva tendencia puede quedar obsoleta rápidamente y dejar caras largas, sobre todo en los empresarios que han especulado precipitadamente y sin reflexionar. Lo que usted necesita es una conciencia de qué ofertas satisfacen exactamente a largo plazo las necesidades esenciales del cliente.

Quién no conoce la historia del niño que abandona su juguete nuevo nada más comprarlo y lo deja tirado sin prestarle atención. Solo la fascinación por lo nuevo no es suficiente para tener éxito a largo plazo. Precisamente en esta época en la que vivimos actualmente, donde se vive tan rápido, lo que hoy todavía era una mercancía muy solicitada, mañana ya habrá desaparecido de los estantes. Solo los productos y servicios de calidad y larga vida útil proporcionan un crecimiento continuado.

Yo pensaba que con la plataforma mencionada había creado un producto con potencial de futuro, pero todo resultó diferente. A finales de 2002 tuve una reunión con nuestros inversionistas. De la nada, cancelaron su participación. ¡Fue una sacudida! Y todavía peor: el Estado llamó a nuestra puerta. De pronto, tenía a la Fiscalía en casa. La razón: publicidad de clientes progresiva. Apenas me di cuenta y los funcionarios ya estaban en nuestra oficina llevándose todo lo que no estaba fijo y atornillado. Facturas, contratos, documentación: todas nuestras actas acabaron en una furgoneta de la policía judicial. Ahí estaba yo, mirando los archiveros vacíos, escritorios revueltos y empleados deprimidos. ¿Esto era todo lo que me iba a quedar? ¿Después de tantos gastos, después de tantos esfuerzos?

En ese momento caí en un profundo agujero. No entendía que significaba todo eso ni cómo la Fiscalía había llegado a tal acusación. Siempre había querido únicamente lo mejor para mi empresa y nuestros clientes. La honestidad tenía para mí la más alta prioridad. ¿Por qué habría de ser un delincuente?

Me invitaron a una vista con la policía judicial. El funcionario sentado frente a mí para interrogarme no me soportaba. Eso lo noté de inmediato. Con una penetrante mirada fija y los ojos apretados, me puso contra las cuerdas. Toda la atmósfera, la comisaría de policía, los hombres en uniforme y el tono áspero me hicieron sentir agobiado. Solo quería irme. Quería salir del asunto tan rápidamente como fuera posible.

Probablemente le era tan poco simpático al funcionario de policía porque él tenía una concepción totalmente falsa de mí. Tal vez pensaría: «Yo gano mis 4.000 euros, mientras este sospechoso hombre de negocios que sentado frente a mí gana millones.» Me di cuenta de su furia contenida, nacida de una envidia que yo no podía entender. Tal vez él ignoraba por completo cuántos gastos había tenido que hacer y cuántos riesgos había tenido que correr para tener éxito. Y, sin embargo, mi proyecto ni siquiera se había visto coronado por el éxito. Estaba más lejos que nunca de mi primer millón. La gente como este funcionario policíaco no te concede nada. No importa lo que hagas. En la conversación con él fui totalmente abierto. No tenía nada que ocultar: a fin de cuentas y según mi percepción, siempre había sido honesto, y le expliqué nuestro modelo de negocio. A lo que contestó: «Eso está prohibido. Por una cosa así incluso podría ir a dar a la cárcel.» Esa frase me cayó como una bomba. Había llegado: el gran miedo. Me invadió el pánico. ¿Qué pasaría si él llegara a tener razón?

Los siguientes meses fueron una verdadera tortura. Lo peor era la incertidumbre. No sabía lo que podía esperarme. Del departamento correspondiente no recibía ninguna información, ningún aviso. Y luego, finalmente, había llegado la hora del juicio. Finalmente se aclararía mi futuro. Con mi abogado a mi lado, me sentía un poco más seguro, y cuando luego vi al juez, tuve una sensación algo mejor. Tenía un carisma muy positivo, pero con carisma o sin carisma, en primera instancia él estaba como guardián de la ley ante mí, como la más alta instancia a cuya decisión tenía que someterme. Ese era su trabajo. Para él contaban sobre todo los hechos, y estos se encontraban en el material que la fiscalía nos había embargado. Entonces tomó la palabra el funcionario de la policía. Se expresó sobre mí de una manera muy negativa, e incluso en algunas partes directamente de forma despectiva. Desafortunadamente, se confirmó la mala impresión que había obtenido en el careo con él.

Por suerte, esto también lo notó el juez, y pronto aclaró que iba a tratar la causa de manera neutral. El juicio terminó con la prohibición de mi modelo de negocio y con una multa en efectivo. ¡No habría cárcel! Mi peor pesadilla se había evitado. Se me quitó un peso de encima. El alivio fue enorme, pero por desgracia no duró mucho, ya que poco tiempo después notaba una melancolía que me pesaba como el plomo. Mi negocio estaba por los suelos. ¿Cómo iba a seguir adelante? Sin embargo, aunque en ese momento no veía muchas cosas positivas, sabía que en algún momento habría una luz al final del túnel. Tenía que permanecer estable, confiar en mis capacidades. Entonces, el éxito volvería a llegar, aunque el camino hasta él me volviera a exigir de nuevo toda la perseverancia y la paciencia.

Porque el éxito siempre es a largo plazo. Los productos de calidad se mantienen por años, si no décadas, en el mercado. Aquí se requiere una consideración fundada respecto a qué desarrollos del mercado quiere seguir y cuándo debe mantener el rumbo, puesto que también la transformación de una empresa consume recursos cuya utilización solamente vale la pena si usted ha tomado decisiones estratégicamente previsoras a largo plazo.

Pero el cumplimiento de las necesidades esenciales de los clientes es solo una parte del trabajo que usted tiene que hacer. A esto se le añade también comunicar adecuadamente las ventajas de un producto. El mercado objetivo desempeña aquí un papel decisivo. ¿A quién quiere llegar? Y, sobre todo: ¿por qué vías llega a su grupo objetivo? Los medios de comunicación masiva usuales, desde la prensa hasta la televisión, hace mucho que solamente constituyen una pequeña parte del espectro de posibilidades a su disposición. Aquí vale la pena también pensar digitalmente. Entretanto, más del 80 por ciento de los alemanes utilizan Internet.

Y con tendencia ascendente. Para una empresa moderna, esto significa que está obligada a abrirse este espacio. El ancho de banda abarca aquí desde el boletín de noticias personal, pasando por los anuncios publicitarios, hasta llegar a la mercadotecnia social. Gracias a las posibilidades técnicas, el éxito de las campañas se puede medir rápidamente. Son ventajas que no se pueden negar y que debe aprovechar para su proyecto.

Las posibilidades para llegar a los clientes potenciales son más variadas que nunca. Para diseñar el procedimiento óptimo, en Karatbars seguimos un proceso de dos niveles que quisiera recomendarle. Descrito a grandes rasgos, el trabajo comienza con una lluvia de ideas abierta en la cual se pueden incluir todas las posibilidades de comunicación. Este es un procedimiento para mostrar de forma rápida, creativa, y sin grandes limitaciones las vías de comunicación existentes. Solo en una segunda fase, los diferentes planteamientos se evalúan respecto a su viabilidad, efectividad y el impacto esperado. Con este tipo de mecanismo de filtrado se imponen las mejores ideas, con las cuales recibirá una buena acogida por parte de los clientes.

Con ello hemos descrito algunos puntos fundamentales que consiguen llegar con éxito al cliente. Ahora, veamos la base de toda relación exitosa con el cliente: la confianza. ¿Cómo se puede crear confianza con el cliente?

Personalmente, cultivo un estrecho contacto con nuestros clientes en todo el mundo. Aunque debido a la enorme masa y el alcance de los interesados se me ha hecho ya imposible crear una relación personal con cada individuo, sí intento realizar el intercambio recíproco tan abierta e individualmente como sea posible.

Como director ejecutivo de Karatbars, tengo una importante función de ejemplo a seguir para todos los empleados y socios. Soy creíble únicamente si yo mismo actúo de acuerdo con mi filosofía. Solo entonces nuestros socios conocen nuestros estándares y los pueden aplicar en el contacto diario con los clientes.

Con la creación de una densa red de cooperaciones en todo el mundo, intentamos llegar al cliente a nivel local. Las circunstancias y posibilidades en cada país son diferentes. Por ello, la tarea de nuestros asesores es adaptar la oferta central de Karatbars a las condiciones locales y desplegar así el beneficio óptimo para el cliente.

También en muchos casos la mentalidad del cliente es muy distinta. Es muy diferente asesorar a un cliente en Alemania que en Sudáfrica. Tener personas a nivel local que conozcan estas diferencias y puedan tenerlas en cuenta en la situación de asesoría, vale oro.

Karatbars representa estabilidad financiera, seguridad y confianza. Este concepto es el que queremos llevar a todo el mundo. Porque este concepto es universal. Toda persona tiene la necesidad de estar bien asegurada y tener una base sólida en caso de crisis. Para poder realizar esto en todos lados en la medida de lo posible, necesitamos expertos a nivel local.

En el capítulo 3 he escrito ya sobre el tema de la experiencia. Esta se va formando a lo largo del tiempo y se desarrolla con los desafíos. Para nuestra red de asesores global, esto significa que nuestros asesores de clientes deben sentirse bien en su área de actividades. Solo entonces existe la perspectiva de una colaboración a largo plazo, en el transcurso de la cual va aumentando la calidad del trabajo. Por un lado, porque en la comunicación entre la central y la agencia se va dando una rutina profesional. Por otro, porque cada uno de los asesores de clientes va mejorando sus capacidades con cada conversación de venta, cada nueva oferta, cada nueva negociación. Por ello, las relaciones comerciales largas y estables con nuestros socios son una gran prioridad, porque la continuidad genera experiencia y confianza, no solo entre los socios comerciales. Normalmente, también el cliente desea que el asesor en el que confía siga estando ahí para atenderlo. Todas las partes se benefician de una cooperación continua: la empresa, los socios comerciales y los clientes.

Si quiere llegar a un grupo objetivo específico con su proyecto, también debe mantener en el punto de mira la perspectiva de dicho grupo en la selección de los asesores. Dependiendo de qué grupo objetivo quiera alcanzar exactamente, debe cuidar la especialización de los asesores potenciales en el servicio externo. Un experto en seguros no será el mejor asesor financiero en todos los casos. Un afiliado con una clientela antigua no necesariamente va a tener una debilidad por las cuestiones digitales, y por ello no ofrece el acceso óptimo a los clientes nuevos jóvenes, afines a la tecnología. Además, un asesor que ya tenga una formación específica previa aporta cualidades importantes para usted y para los clientes.

En primer lugar, podrá mostrar una mayor pericia por sus conocimientos previos. Puede presentar al cliente soluciones a medida y, en el mejor de los casos, conoce también las peculiaridades de una entrevista de asesoría. Esto es un arte por sí mismo y se tiene que dominar necesariamente. ¿Cómo utilizo mi lenguaje corporal? ¿Cómo averiguo lo que es especialmente importante para el cliente? ¿Cómo creo una atmósfera de confianza en la conversación? Estas son solo algunas cosas que se pueden hacer bien o mal en la entrevista de asesoría y que contribuyen decisivamente al éxito o al fracaso, a conseguir cerrar un contrato o a su rechazo.

En segundo lugar, es más probable que un experto le pueda dar una retroalimentación fundamentada que un principiante. Tomando en cuenta esta retroalimentación, usted puede mejorar su oferta y adaptarla al mercado nacional o extranjero correspondiente. En tercer lugar, un asesor con acceso a su grupo objetivo trae consigo un gran potencial para seguir haciendo crecer su empresa. Y es que, al final, aquí también se aplica: todas las partes se benefician si contrata preferentemente a asesores adecuados para el grupo objetivo y dotados de una competencia específicamente necesaria: usted, el socio comercial y el cliente.

Pero no solo cuentan la conexión personal con el cliente y una asesoría competente. También es por lo menos igual de relevante que la oferta sea la adecuada. Su producto debe estar diseñado de tal forma que sea útil siempre para un número lo más grande posible de personas y que por ello tenga demanda. En un mundo cada vez más veloz, debe que mostrar flexibilidad y adaptabilidad para poder mantenerse en el mercado. En otras palabras, la cooperación en la empresa también debe contener componentes innovadores. El desarrollo y la ampliación de nuevos modelos de negocio es esencial para permanecer actualizado y apegado a las necesidades del cliente. Un buen asesor de clientes como socio puede aportar impulsos importantes para ello y presentarle nuevos conceptos que puede aprovechar en el mejor de los casos para obtener más ganancias.

El mundo se está transformando constantemente. Con ello, a su producto le corresponde una importancia diferente permanentemente. Para colocarlo correctamente, se requiere comprender las grandes transformaciones del mercado. A estas les subyacen a su vez los cambios sociales. A pesar de toda su individualidad, también el cliente es parte de una sociedad que lo marca y que influye mucho en lo que compra finalmente. Muchos productos solamente tienen como objetivo exponer algo, presentarlo frente a la sociedad. Los símbolos de estatus social, como joyas, automóviles o inmuebles, cumplen aquí importantes funciones y prometen reconocimiento social. Por lo tanto, lo que el cliente quiere también depende siempre de cómo su entorno evalúa y revaloriza ciertos objetos. Si su producto, además de su función estándar, también cumple con un objetivo social de más alto rango, se incrementarán más sus ventas. Las transformaciones sociales también repercuten en las necesidades económicas de las personas y se reflejan en los cambios políticos.

Exactamente estas observaciones precedieron a la fundación de Karatbars. Me di cuenta de que prácticamente todas las monedas son solo promesas de los Estados que las emiten. No representan un valor real, sino una suma ficticia, un seguro del cual no se sabe qué tan seguro realmente es en tiempos de crisis. Este desarrollo se manifestó con la cancelación de los acuerdos de Bretton Woods y el desacoplamiento del dólar respecto al oro. Las crisis por endeudamiento en Argentina y Grecia lo han confirmado. Además, con la crisis financiera del año 2007 quedó claro las consecuencias tan dramáticas que pueden tener las especulaciones de alto riesgo. Portafolios de inversiones enteros se quedaron sin valor. Títulos de inversión que antes eran verdaderamente rentables cayeron a un pozo sin fondo. Un derrumbe, una conmoción, una sacudida para innumerables ahorradores.

Se volvió a poner de moda la inversión financiera segura, resistente a las crisis. Reconociendo estas transformaciones, me puse a buscar soluciones adecuadas. Y las encontré en el comercio de oro. El primer producto que desarrollé en esta línea fue «CashGold», un medio de pago en forma de una tarjeta tradicional, pero con una pequeña y ligera diferencia: incrustado en ella se encontraba 0,1 g de oro fino, que representa el valor real de esta nueva moneda. Con ello, «CashGold» está protegido contra devaluaciones estatales de la moneda, contra crisis financieras, porque la GoldCard solo promete lo que realmente contiene: el valor del oro incrustado, que es uno de los valores financieros más estables del mercado. Por ello, me gusta llamar a «CashGold» la moneda más honesta del mundo. Honestidad: precisamente eso espero también de cada uno de nuestros socios. Más que cualquier otra cosa, el cliente sabe apreciar esta virtud, y ella es la expresión de mi convicción más íntima y del deseo fundamental de Karatbars: una moneda honesta con una asesoría honesta. Nada de negocios turbios, nada de letra pequeña, nada de trucos. Estos métodos no tienen cabida cuando se trata de una inversión financiera estable.

Quisiera recalcar que el modelo de negocios «CashGold» solo fue el primer paso para crear Karatbars. Si me hubiera detenido en ese punto, si no hubiera desarrollado Karatbars con nuevos modelos de negocio, el gran éxito nunca se hubiera convertido en realidad. El éxito se produce con la fuerza innovadora. Alemania es el mejor ejemplo de esto. No podemos ganar puntos en el mercado mundial con costes salariales o estándares medioambientales bajos. Esto tampoco debería ser lo que buscamos. En lugar de eso, la economía alemana vive sobre todo de las innovaciones, a veces altamente complejas, que desarrollan los expertos año tras año. En esta tradición veo también a Karatbars. Por ello, ya muy pronto incluimos nuevos productos en nuestra cartera. Se trata del cliente y de cubrir todo el espectro de sus necesidades en el área de inversiones en oro.

Una buena idea, un primer producto exitoso, es solo el inicio para establecer una gran empresa. No se detenga en el punto de partida. En caso contrario, no solo se arriesga a que lo absorba un consorcio grande, según el lema «El pez grande se come al pequeño», sino que también pone en riesgo el éxito sostenible de la empresa,

porque el mercado se encuentra en una transformación constante. Como prueba, basta con observar algunos fenómenos recientes que han transformado nuestra vida de manera sostenible. Como, por ejemplo, la urbanización. Cada vez más personas viven en las ciudades: las consecuencias son la escasez de vivienda y el aumento de los alquileres. La respuesta sería un concepto innovador de inmuebles. Aquí se necesitan arquitectos, planificadores urbanos y expertos en inmuebles. O la conectividad digital, que ha hecho posible la comunicación y también el consumo de contenidos mediáticos a través de las fronteras y a nivel mundial. Amazon, eBay y Netflix se han convertido aquí en líderes de mercado. Mencionemos como último ejemplo de grandes transformaciones en la época actual la creciente esperanza de vida. El cambio demográfico está ya en boca de todos, las soluciones para una vida digna en la tercera edad tienen más demanda que nunca. En vista de la falta trabajadores especializados, se pueden utilizar inventos técnicos de la robótica para apoyar.

Un mercado del futuro.

Si se toman en cuenta solo estos tres de entre muchos otros desarrollos más, pronto queda claro en qué campo tan dinámico se mueve el empresario. No solo se tiene que mantener a sí mismo en el nivel más alto del conocimiento, sino también tiene que ser capaz de modificar su empresa, de tal manera que pueda reaccionar a estas transformaciones.

Inventarse de nuevo no es solamente una idea de la psicología de la personalidad, sino se aplica igualmente para la empresa como un organismo en transformación. De la misma manera en que los seres vivos de la tierra se adaptaron a otras condiciones del entorno en el transcurso de la evolución, las empresas tienen que crecer con su entorno. La innovación y el valor de convertir también en realidad las ideas creadas son factores indispensables de crecimiento para toda empresa.

En este sentido se crearon también nuevos productos en Karatbars, además del sistema CashGold. Como respuesta al futuro digital, desarrollamos por ejemplo KaratPay, una plataforma en línea con la que puede revisar el estado de su cuenta, hacer transferencias y pagar en tiendas seleccionadas. Todo con una aplicación, portátil y siempre en el bolsillo en el teléfono móvil. Tampoco nos hemos cerrado a la tendencia de las monedas digitales, y por eso hemos creado una criptomoneda propia: el KBC. Con estas novedades en el surtido de productos, Karatbars está bien preparada también para el futuro cercano. Pero esto no significa que no vayan a venir también otras ideas. Continuamente estamos trabajando en nuevas posibilidades en torno al concepto de una moneda basada en el oro. La estrategia del fomento constante de las innovaciones no solo ha dado muy buen resultado, también ha convertido a Karatbars en lo que es actualmente: una empresa que opera a nivel mundial con una facturación millonaria.

Los nuevos productos, orientados a los nuevos entornos vitales, no solamente consiguen que sus clientes de siempre sigan siendo fieles a su empresa. En el caso ideal, con innovaciones de alto rendimiento también puede llegar a nuevos grupos de clientes. Por ejemplo, los servicios digitales son esenciales precisamente para los grupos de clientes más jóvenes, y probablemente también sus clientes de siempre esperarán que usted esté al día. Pueden ser un primer mercado de prueba en el cual se ofrezcan productos nuevos, y se mejoren estando cerca de la praxis. Los clientes antiguos le proporcionan una valiosa retroalimentación, y lo consideran como una apreciación especial si se le da valor a su evaluación. Siempre presuponiendo que usted tenga nuevas ideas de negocio que puede someter a prueba. Pero ¿cómo se logra la innovación? ¿Qué clima es necesario para la creatividad y el espíritu creativo?

La creatividad es un fenómeno fugaz. Ser creativo de golpe no les resulta fácil a muchas personas. La inspiración no se puede planear. Así como el cazador espera desde su mirador a que pase un ciervo por el claro, también el empresario debe tener a veces mucha paciencia para que llegue la ocurrencia genial.

Podemos disciplinarnos para dominar tareas rutinarias, pero realizar una creación especial como si fuera pulsar un botón no está en nuestra naturaleza. Depende del momento correcto. Si bien no puede generar este momento de la nada, sí puede sentar algunas bases que fomenten las innovaciones y un espíritu libre. No solo para usted, sino también para todo el equipo, una actitud abierta es la condición más importante para un clima de negocios que ve con beneplácito las innovaciones.

La frustración y el miedo son los obstáculos más grandes en el camino hacia la productividad y la riqueza de ideas. Estas emociones forman parte del carácter de cualquier persona, igual que la alegría, la tristeza y el humor. Son buenas y correctas, nos completan y le dan a la vida sus matices enriquecedores, pero en el entorno empresarial, impiden el éxito sostenible.

El concepto de «frustración» también describe mi situación emocional después de que se me prohibiera judicialmente mi negocio. A eso se le añadieron problemas privados. A mi madre, los médicos le habían diagnosticado cáncer dos años antes. Había tenido que pasar por varias quimioterapias para conservar una posibilidad de sobrevivir. Después, las cosas mejoraron un poco, pero nadie podía afirmar con seguridad si con ello había superado el cáncer. Con esta incertidumbre teníamos que vivir.

Con la prohibición judicial tenía las manos atadas. Y estos hechos profesionales y privados me costaron mucha energía que ahora me faltaba para enfrentar algo nuevo. Así que al principio me quedé en casa. No tenía ningún impulso, ninguna fuerza para reanimarme de nuevo. Mis pensamientos se movían solamente en círculos.

Pero por lo menos no estaba solo. En 2001 había conocido a mi novia. Al principio pensé: «Este es mi gran amor.» Estaba locamente enamorado de ella y me sentía como embriagado cuando estaba a su lado. Pero, por desgracia, este sentimiento no duró eternamente. Cada vez nos fuimos enfrentando más y más, sentíamos cada vez más lo que nos separaba. El amor significa crecer juntos, apoyarse y ayudarse mutuamente. Y precisamente eso apenas se daba entre nosotros. Teníamos una relación intermitente. Nos peleábamos mucho. No pocas veces se trataba también del dinero. Ella trabajaba en la administración de una gran empresa, tenía ingresos seguros y regulares. En cambio, yo dependía del éxito de mis ideas de negocios, y precisamente los inicios de mis proyectos estaban marcados muchas veces por la inseguridad financiera. Para apoyarla, también me ocupaba de sus dos hijos.

Pero en algún momento se me cayó la casa encima. Mirar día tras día las mismas paredes, siempre con los mismos pensamientos en la cabeza que tampoco me hacían avanzar: con eso no mejoraba mi estado. No podía seguir quedándome sentado en casa. Necesitaba nuevos impulsos. La situación era insoportable. Había llegado al punto más bajo de mi vida hasta ese momento. Tenía que empezar algo nuevo, pero ¿cómo podía evitar fracasar otra vez? ¿Cómo podía protegerme de otro golpe que me noqueara?

El conocimiento que gané al respecto fue a primera vista todo menos alentador, porque la posibilidad de fracasar nunca está excluida en las empresas. Pero la buena noticia es: se puede aprender a manejar el miedo y la frustración. Podemos dirigir nuestro espíritu hacia lo que queremos alcanzar y espolear nuestro entendimiento para lograr el máximo rendimiento. Pero ¿qué se puede hacer para crear una atmósfera productiva? ¿Por qué vías circula el camino hacia una mayor creatividad?

Para evitar una frustración prematura, primero es necesario asumir la actitud adecuada. Naturalmente, uno es ambicioso y desea sacar adelante su proyecto lo más pronto posible. En eso no hay nada de malo, porque precisamente esta ambición es la que ayuda a sacar lo mejor de uno mismo, pero también se puede convertir en frustración si se tensa demasiado el arco. ¿A qué me refiero con esto?

La creatividad requiere tiempo. No se gana nada presionándose continuamente a sí mismo o a otra persona para que sea creativo ya de una vez por todas. Muchas veces, esto solo bloquea el flujo de trabajo y distrae de las intenciones realmente necesarias. El que quiera ser productivo, tiene que permitirse pausas. Esto no tiene que significar necesariamente quedarse de brazos cruzados mirando la pared. Las pausas creativas se pueden aprovechar, ya sea para despachar otras tareas que ya estén claramente definidas o para obtener una nueva inspiración. Las personas exitosas están abiertas a la diversidad del mundo. Reciben impresiones de todas las áreas y luego las convierten en fructíferas para su trabajo. En las pausas pueden obtener impulsos importantes que enriquecen el trabajo en el proyecto. Incluso un genio como Albert Einstein no se ocupaba con la física y las fórmulas matemáticas sin descanso, también participaba en política y tomaba parte de esta manera en la vida social fuera del mundo de los especialistas. El arte y la música pueden ser estímulos importantes para pensar más allá de las propias limitaciones. Yo mismo he encontrado en la música un importante contrapeso para mi actividad profesional como director ejecutivo. En mis espectáculos de Elvis me siento libre. Las impresiones que obtengo en ellos me inspiran y me dan fuerza para mi trabajo como jefe de Karatbars. Los encuentros con las personas, los momentos en el escenario, sentirse a sí mismo y al propio cuerpo al cantar y bailar: estas son experiencias que se pueden transferir a su trabajo cotidiano. Estos momentos son fuentes de nuevas ideas, son estímulos para pensar el mundo de un modo nuevo. Y ser creativo es simplemente ver las cosas desde una nueva perspectiva, concebirlas de una manera nueva.

Las fases donde falta la creatividad son a la larga inevitables. Aceptar esto es la parte más importante que uno puede aportar para evitar más tarde la frustración. En lugar de eso, las fases de calma creativa deben verse como una oportunidad de recibir nuevas impresiones y ampliar el propio horizonte. En el mundo de los negocios de hoy, la falta de tiempo crónica forma parte ya del canon estándar de las disputas cotidianas, pero el gran arte consiste en tomarse el tiempo conscientemente, también para cosas que no conducen de inmediato a un objetivo concreto. El tiempo para probar, experimentar y dejase inspirar puede liberar increíbles potenciales creativos. Si uno se sale por un momento del ajetreo cotidiano, da un paso atrás y reflexiona sobre el mundo, esto puede obrar verdaderos milagros. Para ser creativos, de vez en cuando hay que alejarse de las cosas cotidianas. Necesita tener una mente clara que le permita tener una visión de la totalidad. No se puede pasar toda la vida en la rueda del hámster hasta el amargo final; más bien tiene que bajarse alguna vez, por lo menos por un corto tiempo, para volver a inventar la rueda. Ya llegará un tiempo productivo, y cuanto más se haya llevado consigo de sus pausas de descanso, más productivo será ese tiempo.

En el caso ideal, se puede conceder conscientemente estas pausas de descanso e integrarlas en los tiempos de su plan de trabajo. En mi caso, la mayoría de estas pausas se dieron involuntariamente por interrupciones en mi carrera que, sin embargo, desde la perspectiva de hoy, considero positivas, porque siempre he intentado sacar lo más posible de las dificultades. Así, no dudé mucho tiempo en volver a atacar después de que fracasara mi idea del mercado en línea. Entretanto, ya tenía suficiente experiencia en la mercadotecnia en redes como para crear una nueva estructura empresarial rápida y eficientemente. Y así sucedió. Reuní un equipo de 50 personas en torno a mí y nos pusimos a vender pólizas de seguros. Funcionó bien, muy bien incluso. Pronto alcanzamos una facturación de 10 millones de euros, pero incluso eso no les bastaba a algunos de mis empleados. Subidos a la ola del éxito, pensaban que podían lograr más y querían recorrer sus propios caminos nuevos. Se desasociaron de nuestro proyecto común para ganar todavía más dinero por su cuenta. Los contratos que habían sido firmados simplemente se los llevaron, de manera que, al final y a pesar de tanto esfuerzo, no estaba nadando en dinero, sino en deudas,

cuyo peso amenazaba con aplastarme. Necesitaba una idea con la cual pudiera ganar dinero rápidamente y con independencia de otros. Necesitaba una inspiración.

¿Cómo dice el dicho? La necesidad agudiza el ingenio. Y, por suerte, en septiembre de 2004 también me sucedió a mí. Estaba frente al televisor, pasando de un canal a otro. Era uno de esos días eternamente largos en casa. Hasta que llegué a un programa sobre detectores de humo. En realidad, un tema banal, pensé al principio. Pero más y más me fue quedando claro que los detectores de humo son muy importantes, porque en caso de emergencia pueden salvar la vida de la gente y evitar mayores daños. Pero ¿quién tenía en su casa un detector de humo?

Esa fue mi salvación. Quería vender los detectores de humo de puerta en puerta, llevar los aparatos directamente a los clientes. Por un precio de compra de 5 euros por pieza, me hice con un inventario de detectores de humo. En la venta, ofrecía los aparatos por 25 euros, incluyendo la garantía. Me puse un chaleco reflectante y ya estaba listo para empezar. Mi oficina se encontraba en el local comercial de un amigo, en el centro de la principal calle comercial de Stuttgart. Ya tenía todo lo que necesitaba. Y así, comencé. Era independiente, autónomo y libre. Liberado, respiré hondamente y me dirigí al tumulto del centro de la ciudad. Estaba convencido de que los detectores de humo aportaban un valor agregado a la gente, y creía que la gente también lo vería pronto. ¡Y así fue! Logré vender unas 40 piezas al día. Eso me daba una muy buena ganancia. Pero el dinero no se fue directo a mis bolsillos, puesto que en mis otros proyectos ya había acumulado una deuda de 250.000 euros. Para poder realmente empezar de nuevo, primero tenía que pagarla. Esto era la mayor prioridad.

Poco a poco empezaron a ir mejor las cosas, por lo menos profesionalmente. Sin embargo, mi relación seguía yendo por mal camino, porque con mi novia solamente tenía estrés y problemas. Al mismo tiempo, no podía vivir sin ella. Pero tuve que plantar cara a la realidad. Aunque a lo largo de los años me había encariñado mucho con mi novia, poco a poco me fui dando cuenta: «Cuando algo se ha terminado, simplemente se debe dejar.» Pero no es fácil. Sobre todo, cuando hay muchos sentimientos involucrados.

Así que durante cuatro años estuve vendiendo detectores de humo. En parte, me sumergía en el trabajo para distraerme de las dificultades privadas que me rodeaban. Al mismo tiempo, buscaba nuevos modelos de mercadotecnia en redes que me pudieran gustar, pero ninguno me había convencido realmente de momento, También porque yo mismo me había vuelto mucho más crítico. Y es que entretanto tenía ya experiencia en el sector financiero y sabía que muchos de los productos no eran suficientemente buenos para los clientes. Muchas cosas eran solo ruido, humo y un poco de aire caliente. El ejemplo clásico: los seguros de vida. Si uno se entera de cómo manejan los seguros de vida las aseguradoras, simplemente le dan náuseas. Consecuentemente, en una sentencia judicial alemana se reconoció como admisible designar a los seguros de vida como «engaño legal». Eso ya lo dice todo. En la mayor parte de los casos, la empresa de seguros puede invertir el 50 por ciento de la suma invertida en ese tipo de seguros para fines propios. Entonces, ¿qué seguridad le queda al cliente de que su inversión no se va a ir al traste? ¿Qué pasa si el dinero de pronto se pierde? Al final, el cliente es el que paga los platos rotos. Para mí, eso es un fraude, así no debería funcionar un negocio. Las necesidades del cliente tienen que estar en primer lugar.

Sin embargo, los seguros cuentan con el apoyo del Estado. Yo no quise participar en ese juego, por eso busqué algo que fuera honesto, que funcionara y que pudiera beneficiar a la gente. Yo era creativo, había implementado lucrativamente la idea de la distribución de detectores de humo. Pero con ello todavía no se había terminado. Sentía en mí el impulso de seguir desarrollando nuevas ideas. Solo tenía que dar espacio a mi creatividad para que pronto pudiera convertirse en productividad. Como dice el dicho: «lo bueno se hace esperar.»

Trasladado a su equipo, esto significa que usted también debe dejar a sus empleados momentos de libre disposición. Por importante que pueda ser un proceso de trabajo estructurado, a veces es precisamente desviarse de la rutina diaria lo que puede generar estímulos nuevos y productivos que se manifiestan en la fuerza innovadora de su empresa.

Una vez que se ha conjurado, o por lo menos reducido, el peligro de la frustración debe enfrentarse al segundo gran enemigo de la creatividad: me refiero al miedo. El miedo es una de nuestras emociones más primigenias. Se puede entender el miedo como una especie de mecanismo de advertencia con el que nos defendemos de las amenazas esperadas. Ya nuestros ancestros tenían que decidir si, en vista de una amenaza, seguían el consejo de su miedo y emprendían la huida o si, en lugar de ello, reaccionaban con agresividad a la situación amenazante y aceptaban la lucha.

Por lo tanto, el miedo es una emoción central para nosotros con la que reaccionamos a los peligros externos. Pero debemos analizar estas amenazas desde dos puntos de vista.

En primer lugar, con respecto a la probabilidad de que realmente se realicen. Muchas personas tienden a obsesionarse con escenarios negativos, que a fin de cuentas tal vez parezcan posibles teóricamente, pero en la práctica son extremadamente poco realistas. Con esta deformación negativa del futuro cuesta mucho más trabajo ser valiente, atreverse a hacer algo y dejar espacio para la propia creatividad. Y es que se requiere valor para dejar vía libre a las ideas, para afrontar situaciones inciertas, para probar algo nuevo. Lo que los demás puedan pensar al respecto, es secundario. Se trata de usted y de la osadía con la que le da a su espíritu inventivo, a su Yo creativo, el aire para que respire.

En segundo lugar, debe preguntarse de qué tiene miedo exactamente. Muchas veces llevamos con nosotros miedos difusos. Como pequeños sacos de arena, nos quitan la ligereza, nos hacen lentos y poco flexibles. Y esto muchas veces sin una buena razón. Si realmente hay una razón para los miedos personales, se debe hablar de ellos, describirlos tan exactamente como sea posible y aprender a delimitarlos y entenderlos. Solo así se pueden dominar. Al que se cierra y se queda solo con sus miedos le amenaza un círculo vicioso de las emociones. Este llega tan lejos que entretanto se habla ya entre los científicos del fenómeno del miedo al miedo. Para no caer en este círculo vicioso, siempre debe formular sus dudas tan concretamente como sea posible. El intercambio con otras personas sobre sus preocupaciones le ayuda a ver las relaciones de una manera nueva y a diferenciar los peligros reales de los escenarios de catástrofes puramente imaginados, la mayoría de las veces demasiado rebuscados.

Incluso cuando después queda un resto de malestar, esto no es razón para no ser valiente y enfrentarse a los desafíos, incluso en contra de lo que uno siente. Porque algunos temores incluso incrementan el rendimiento. Porque cuando simplemente nos exponemos a situaciones supuestamente peligrosas, nuestro cuerpo reacciona con una tensión positiva. Estamos hablando de la famosa descarga de adrenalina. Así alcanzamos un nivel de rendimiento totalmente nuevo. ¿Quién no conoce el miedo antes de los exámenes? ¿El miedo a fracasar, de quedarse al final con las manos vacías? Y, sin embargo, muchas personas dominan las situaciones de exámenes extraordinariamente bien, y en parte incluso mejor que en la fase de preparación. Aquí es decisivo tener confianza en sí y en sus capacidades. Como un deportista profesional, en momentos de máxima tensión emocional usted puede superarse a sí mismo. Regularmente sucede que el underdog triunfa inesperadamente. Ya en la Biblia se describe esta situación, cuando David vence en la lucha a Goliat, supuestamente muy superior a él.

Lo mismo se aplica en las artes. Piense en el músico que se ve expuesto al famoso miedo escénico poco antes de su presentación. ¿Habría de cancelar el espectáculo por eso? Claro que no, conoce ese sentimiento y lo maneja de manera profesional. Aún más: sabe cómo convertir el sentimiento en energía productiva. Para algunos, precisamente este sentimiento es un gran estímulo para subir una y otra vez al escenario. Yo también aprendí a apreciar muchos estos momentos. Uno aprende a superarse, siente que vale la pena ser valiente, ir hacia adelante, mostrarse. Sus semejantes lo admirarán por su actitud, y usted descubrirá una nueva faceta en sí mismo. ¿Qué cosa más bella podría haber?

Una vez que vaya adquiriendo más experiencia, notará que el miedo en el negocio será un factor cada vez más insignificante en sus decisiones, porque cada decisión incluye necesariamente el riesgo de cometer errores. Los errores son tan parte de las operaciones de negocios como que el día sigue a la noche.

Pero un error no significa que se vaya a acabar el mundo. Casi ninguna empresa se ha ido a la quiebra por un solo error. Es más, los errores pueden tener una función importante. En primer lugar, porque podemos aprender de los errores, y en segundo, porque poco a poco nos vamos acostumbrando ya a no tener miedo de los errores. Cualquier persona comete errores; sin embargo, la vida continúa. Este reconocimiento parece fácil de decir, pero es de un valor enorme para una actitud creativa de base. El valor de también permitirse errores de vez en cuando, de asumir los tropiezos, le dará nuevas dimensiones a sus ideas. Debe pensar en otras vías para tener éxito. Los nuevos caminos siempre guardan también inseguridades y riesgos. Muchas veces, solo después puede saber qué decisiones fueron correctas o incorrectas. A posteriori siempre se saben mejor las cosas. Por eso, no permita que lo confundan aquellos que vienen más tarde a decir: «te lo dije.» Decir es una cosa, pero de lo que se trata es de actuar.

Al principio, algunos de los más grandes inventos fueron calificados de desatinos, vilipendiados y considerados sin porvenir, casi siempre por aquellos que solo tienen en el punto de mira su propio mundo y no el futuro. Así, por ejemplo, se dice que un prestigioso profesor de la elitista Universidad de Oxford calificó el modelo de Edison de la bombilla incandescente como «un claro fracaso». ¡Qué estimación tan equivocada! Al terminar la Exposición Mundial de 1880 en París a más tardar, la idea de la bombilla incandescente iba a caer en el olvido, eso era lo que se suponía. Tal vez no haya otro ejemplo en el cual se haya subestimado más el enorme potencial de una invención. Un edificio, una habitación sin una bombilla fue impensable durante décadas en casi todas el mundo. Hasta la introducción de las lámparas LED, la bombilla incandescente fue, con mucho, la fuente de luz más importante. Ya fuera en las casas o en los edificios públicos, incluso las farolas de la calle se equipaban y en parte se siguen equipando actualmente con bombillas. Con su invención en 1880, Edison logró encontrar un enorme mercado en crecimiento.

Solo se necesita pensar en el juguete preferido de los alemanes y ya tenemos a mano otro ejemplo de inventos subestimados. El automóvil a gasolina de Carl Benz, patentado en 1886, fue calificado nada menos que por el emperador alemán de entonces como «fenómeno pasajero». Un grave error, como se demostró más adelante. Los automóviles habrían de sustituir pronto a los coches de caballos. Ahora ya no pueden pensarse las ciudades sin los automóviles.

Estos dos ejemplos muestran que las nuevas ideas, por desacertadas que puedan parecer al principio, pueden desplegar un enorme potencial no solo para el desarrollo de la propia empresa, sino también para el progreso de la humanidad en sí misma. El automóvil se ha convertido en un componente fijo de la movilidad humana. Ya sea en las ciudades o en el campo, ya sea eléctrico o a gasolina, como transporte compartido o en uso privado: la invención del automóvil ha instaurado una gran variedad de nuevas posibilidades de organización. Nuevas ideas de negocios pudieron arrancar a partir de él, y el desarrollo desplegó una dinámica increíble que al principio solo pudieron sospechar muy pocas personas.

Esto me lleva a una frase central de esta sección: ¡crea en sus ideas! Nadie puede decir de manera definitiva si una invención o un nuevo modelo de negocios fracasará o logrará el éxito deseado. La diversidad de situaciones posibles es enorme. Los errores y el fracaso son parte de ello, al igual que el éxito y las decisiones óptimas.

Claro que un error puede tener consecuencias especialmente dolorosas, ya sea para usted personalmente o incluso para toda la empresa. Por ello, toda decisión requiere también un análisis de riesgos fundamentado. Precisamente en las empresas más pequeñas que quieren entrar por primera vez en el mercado, las decisiones equivocadas pueden ser graves y tener efectos negativos en las oportunidades de mercado. En cambio, en las empresas grandes, ya consolidadas, se puede arriesgar más porque hay disponibles recursos para recuperarse. Dependiendo de la situación en la que se encuentre su empresa, debe actuar a veces asumiendo más riesgos, y a veces con más cautela, siempre con la premisa de que el éxito económico se logra sobre todo donde se alcanzan nuevas orillas, donde se abren nuevos caminos, donde se prueban nuevas ideas. El que nada arriesga, nada gana.

En este sentido, no tener éxito no es un fracaso, no es malograrse, sino una valiosa oportunidad para aprender algo: en primer lugar, sobre las propias debilidades; en segundo, sobre la realización de nuevas ideas en la empresa; y en tercero, sobre los mecanismos reactivos del mercado. Todos estos aprendizajes le permitirán, en su campo específico, llevar delante de mejor manera innovaciones futuras y utilizarlas para tener beneficios. A fin de cuentas, no sale debilitado de las fases donde hayan surgido errores, sino fortalecido, enriquecido con importantes experiencias y nuevos conocimientos que se pueden utilizar en el futuro. De esta manera, lo que al inicio era un tropiezo se convierte más tarde en una ventaja competitiva respecto a un competidor sin experiencia. Es una escuela dura pasar por los fracasos y, sin embargo, no perder la fe en el éxito, pero el que haya pensado que el camino hacia el primer millón es un paseo, pronto se dará cuenta que no es así. Construir una empresa rentable empezando de cero cuesta mucho trabajo y exige perseverancia, pero también es una experiencia increíble que marca al fundador por el resto de su vida. El que ni siquiera llega a probarlo, ya perdió. Ha desperdiciado una valiosa oportunidad de vivir su vida en libertad.

El empresariado en mi país soñado de los Estados Unidos encarna exactamente estas ideas. Ahí, el número de proyectos fracasados de un empresario no expresa incapacidad, sino más bien un gran tesoro de experiencias y un espíritu empresarial especial. El empresario fracasado es una persona de respeto. Una persona que, a pesar de un fracaso, no se ha dado por vencida, sino que se ha vuelto a levantar, que cree obstinada y sinceramente en ella y en sus ideas, una persona que no pierde el valor, aunque le afecte hasta lo más hondo. En este aspecto, en Europa podemos aprender mucho de los Estados Unidos. El sueño americano todavía sigue viviendo. En cada uno de nosotros se puede convertir en realidad. Yo no me pongo en la fila de los escépticos, sino que veo las oportunidades que nos han sido dadas con lo que tenemos. Con inteligencia, creatividad y perseverancia, cualquiera puede llegar muy alto. No solo se debe soñar, sino también convertir los sueños en realidad. Paso a paso, metro a metro, siempre con el objetivo de lograr más de lo que ya se tiene.

Sin embargo, para sacar las conclusiones correctas de los errores se requiere una administración orientada adecuadamente. Sería fatal tropezar ciegamente de una trampa a la siguiente. En el camino hacia arriba nos acechan algunas trampas, en las cuales no debería caer a ciegas, por mucho valor que tenga.

En lugar de ello, debe asegurarse de que realmente está ganando algo cuando se ha permitido cometer un error. Lo que ha sucedido se tiene que procesar a fondo emocional y mentalmente. Las razones de un fracaso también pueden contener verdades incómodas. La sinceridad aquí es lo fundamental.

Hay la tendencia de achacar rápidamente un fracaso a las circunstancias exteriores o a otras personas para protegerse a sí mismo. Puede que esto proteja al principio las fibras sensibles propias, pero a fin de cuentas no hace avanzar ni un paso a la persona. Solo quien se ocupa abiertamente de sus errores y cuestiona su propia conducta logrará un efecto didáctico óptimo. A esto lo llamo una conciencia positiva de los errores.

En la lucha con el miedo a los errores, quisiera romper otra lanza en favor de una actitud segura de sí mismo respecto al riesgo. Los errores raras veces están grabados en piedra. En general, un error no lo perseguirá hasta el fin de su vida. El tiempo pasa: lo que para algunos es un hecho doloroso, para el empresario es una ventaja. Él puede dirigir la mirada hacia el futuro y no tiene que quedarse siempre estancado en el pasado. Y, muchas veces, el futuro relativiza los efectos de un error,

porque los seres humanos perdonan, y los errores se pueden corregir. El que haya cometido un error, no tiene que temer que esto vaya a serle una desventaja por toda la eternidad. Cuanto más pronto se dé cuenta de que una acción demuestra ser un error, más rápido puede reaccionar. Con ello reduce considerablemente las consecuencias negativas sobre usted y su empresa. De manera semejante a lo que ocurre con las grandes enfermedades muy extendidas, como por ejemplo el cáncer, un diagnóstico temprano es decisivo para las oportunidades de curación que existan. A veces, dicha curación es cara y tiene efectos secundarios dolorosos. Pero veamos la parte positiva: también los errores se pueden «curar». Con contramedidas, corrigiendo la dirección y con una nueva orientación, tiene de su lado toda una paleta de opciones empresariales. Lo que es más importante no es evitar los errores siempre y en todos lados. Lograr esto siempre con éxito a largo plazo sería una idea utópica. La probabilidad de error se reduce considerablemente con una conducción atenta de la empresa, es cierto, pero eliminarla por completo es casi imposible. No se trata de eso. Más bien se trata de la habilidad para manejar los tropiezos comprobados de tal manera que, en primer lugar, tengan consecuencias menos graves; y en segundo lugar, para que signifiquen una gran ganancia en experiencia para el futuro. De lo que se trata es de encontrar el camino óptimo para remediar los errores, adecuado para la situación concreta. Las discusiones sobre la culpa o la inocencia no nos hacen avanzar. Solo un análisis exacto de lo ocurrido permite sacar las conclusiones correctas. ¿Cómo pudo ocurrir el error en cuestión? ¿Podría repetirse? ¿Qué se debe modificar para el futuro? Estas son las preguntas decisivas que debe discutir con sus colaboradores.

También debe poner en el punto de mira el tipo de error para establecer un plan de reacción adecuado. ¿Fue solamente un pequeño error atribuible a la falta de atención? ¿O existe una deformación estructural en la empresa que podría traer consigo otros fracasos? Pueden faltar algunas competencias o podría deberse a una coordinación recíproca insuficiente de los procesos de trabajo. La variedad de fuentes de error es grande. Poder identificarlos requiere minuciosidad, sobre todo y precisamente del personal directivo.

El conflicto entre los miembros del equipo es un ejemplo clásico de una situación que requiere de su participación como director ejecutivo. Es verdad: un fracaso también se puede deber simplemente a un accidente, que no es culpa de nadie. Sin embargo, en favor de un análisis de causas profundo y sincero, esta interpretación de las cosas no se debe aceptar de manera precipitada. Con demasiada frecuencia se usan como pretexto las circunstancias externas para no tener que hablar abiertamente de las insuficiencias que existen en realidad. El problema: con eso solo sigue desplazando la fuente del error hacia el futuro y no está agarrando el obstáculo para el éxito por los cuernos. Igual que un agente de la policía judicial busca al culpable, el empresario también debe seguir el rastro de la irregularidad. Si no lo hace, el problema en sí mismo permanece intacto y más tarde causará nuevas dificultades.

Si toma en serio estas observaciones, los errores ya no significarán grandes desastres, sino un desafío aceptable al que usted se enfrentará pasando a la ofensiva para remediarlos. De la misma forma en que aborda el desarrollo de nuevas ideas o una entrevista con un cliente, así debe actuar también en la gestión de errores, enérgicamente y con una actitud fundamental positiva de mejorar las cosas para el futuro. La autocompasión y la amargura no nos llevan adelante. Se requiere pragmatismo y una mano fuerte.

El fracaso y el empresariado están ligados inevitablemente. A este respecto, para ver lo positivo dentro de lo negativo, dispone de la seguridad de planificación. Lo bueno de esto es que se puede preparar para manejar los errores. Resulta que, precisamente para un director ejecutivo, tiene mucho sentido identificar las fuentes potenciales de los peligros y tener en mente las posibles contramedidas, puesto que, aplicadas de forma rápida y efectiva para corregir los errores, pueden limitar los daños considerablemente. Puede haber fuentes de errores dentro de la empresa o en forma de influencias externas. Internamente, por ejemplo, los procesos de trabajo pueden desordenarse; los empleados no dan su mejor esfuerzo, por ejemplo, debido a motivos personales. Lo mejor es empezar por sí mismo en un análisis abierto. La autorreflexión sincera sobre las propias fortalezas y debilidades le da la posibilidad de estructurar su trabajo lo más eficazmente posible. Aquí, puede decidir qué tareas va a asumir usted mismo y donde delegar actividades a los colaboradores. Si cada uno puede poner en práctica sus fortalezas libremente y acepta sus debilidades, pero les da menos importancia en el trabajo diario, se produce el verdadero flujo de trabajo. Y así, del «uno al lado del otro» surge el «uno con otro», un grupo se convierte en un equipo. Los resultados: más rendimiento, un mejor balance de esfuerzos y una mayor calidad del trabajo.

Quisiera darles un ejemplo ilustrativo, una experiencia en Karatbars que confirma exactamente este punto. Para preparar también a Karatbars para la era digital y obtener ventajas del progreso técnico, nos decidimos a desarrollar una aplicación. Esto fue más fácil de decir que de hacer, porque una aplicación consta de los más diversos componentes que requieren de diferentes capacidades para su desarrollo. Estas capacidades tienen que estar interconectadas para producir al final una imagen integral atractiva.

Están los componentes técnicos, la programación y la configuración, pero también está el componente estético: ¿cómo debe verse a final de cuentas la interfaz de usuario? ¿Cómo se puede estructurar el contenido de manera clara? En primer lugar, y no al final, debemos pensar también en las funciones de las que puede beneficiarse el cliente con una aplicación. Si se quiere, había tres niveles en los cuales se tenía que trabajar de forma paralela y coordinada unos con otros: la técnica, la estética y la función. Respecto a la función, una aplicación ofrecía muchas ventajas que harían a las inversiones en oro más cómodas y variadas, porque una aplicación para teléfonos inteligentes va siempre con usted en su dispositivo, y con acceso a Internet siempre puede tener acceso a ella. Es ideal para tener siempre la visión general sobre sus inversiones en oro. En total, desarrollamos cuatro funciones que se pusieron a disposición a través de la aplicación. «Upload Gold» permite cargar más oro en su cuenta. «Physical Gold» se ocupa del cómodo pago del saldo en oro desde la cuenta hasta el domicilio. «Buy with Gold» complementa el gran mercado en crecimiento del pago con el teléfono móvil sin usar efectivo. Y, finalmente, «Gold Back», una función especial para nuestros clientes con la que se les acreditaran sus comisiones directamente en la cuenta de su aplicación. Es cierto que yo era la fuerza impulsora detrás de la concepción del contenido de la nueva aplicación, pero para establecer toda la aplicación por mí mismo me faltaba el conocimiento necesario. Por lo tanto, tuve que delegar el diseño y la programación técnica. Confiaba en las capacidades de nuestros colaboradores y socios. Y así se logró finalmente desarrollar un producto final óptimo en la forma del KaratPay.

Alguno tendrá una debilidad por las posibilidades de la digitalización; otro, una sensibilidad para cuestiones de la tecnología de la información, un tercero sabrá cómo diseñar una aplicación de manera atractiva y fácil de usar. Todos aportaron sus fortalezas y contribuyeron a un magnífico resultado. El desarrollo de la aplicación se puede considerar sin objeción alguna como un éxito en toda regla, porque con esta aplicación ofrecemos a nuestros clientes un complemento acorde con los tiempos para administrar sus inversiones en oro. Aprovechamos las ventajas de la digitalización: la disponibilidad permanente, la comodidad en los pagos y la claridad de todos los datos. Para algunos es un bonito complemento. Para los clientes nuevos, esta aplicación incluso podría ser el punto decisivo para decidirse por una inversión en Karatbars. En todo caso, esta aplicación ha aumentado los beneficios para nuestros clientes. La aplicación combina transparencia y flexibilidad: un punto adicional para cada cliente.

Un último comentario sobre las fuentes de errores externas. Una empresa está siempre integrada en un entorno externo. Se beneficia de la demanda, de la infraestructura, pero al mismo tiempo puede verse perjudicada por las circunstancias externas. El ejemplo más evidente son los desarrollos negativos del mercado, que pueden reducir la demanda. Aquí se requieren antenas sensibles para registrar a tiempo los desarrollos problemáticos. Así, usted gana un tiempo importante para adaptar la empresa a las nuevas condiciones.

A su vez, el mercado también depende mucho del campo de tensión entre la política y la sociedad. ¿Hay una crisis diplomática? ¿Se congelaron las relaciones comerciales? ¿Hay la amenaza de enfrentamientos bélicos? Estos son solamente algunos factores de influencia que determinan el mercado. No se pueden desenmarañar todas las situaciones hasta la ramificación más pequeña, sobre todo porque muchos pronósticos se ven afectados por una gran inseguridad, pero según el modelo de negocio o la orientación empresarial, algunos factores en este contexto pueden cobrar una relevancia especial. Sin embargo, en todas las situaciones de crisis internas y externas hay algo que no debe caer en el olvido: el mayor capital de una empresa son sus clientes. La profunda confianza de un cliente sobrevive también a los tiempos difíciles. Ella nos sostiene a través de las fases, tanto buenas como malas, del desarrollo de la empresa. Vale la pena invertir en los clientes propios y en su satisfacción. Todos los días de nuevo.

5.
«Nunca te duermas en los laureles.»

Con este libro, me he fijado como objetivo mostrarle el camino hacia el éxito. Ya conoce las coordenadas principales para lograr una empresa exitosa. Pasión, competencia, esfuerzo, confianza en sí mismo, valor y creatividad son las seis grandes piedras angulares que necesita si quiere convertir una grandiosa idea en un imperio.

Aun así, por importantes que puedan ser estas virtudes fundamentales para toda empresa, no se debe perder de vista una cuestión. ¿Qué pasa si de pronto se logra el éxito? ¿Cómo manejar la fama y la riqueza? Para que a la rápida subida no le siga una caída igualmente repentina, tiene que responder precisamente estas preguntas. Puede sonar paradójico, pero también el manejo del éxito se tiene que aprender. Es un malentendido muy extendido pensar que aquel que ha tenido éxito se puede relajar ya para siempre. No, sencillamente no hay una garantía eterna para el éxito, pero su manejo correcto puede contribuir esencialmente a que a un presente dorado le siga también un futuro dorado. Si realiza los ajustes adecuados y toma en cuenta las cosas correctas, el sueño de la felicidad duradera no es cosa de brujería.

A finales de 2008 comenzó mi historia de éxito inmediata con Karatbars.

Había oído hablar por primera vez de los pequeños lingotes de oro que se podían usar como inversión o como mecanismo de seguridad. De inmediato saltó la chispa hacia mí. Investigué en Internet, escudriñé todas las páginas y consulté libros. Me ocupé con el dólar como moneda de base, sus distintos funcionamientos y sus orígenes. ¡Estaba conmocionado! La diversidad de historias llegaba hasta las teorías de la conspiración y los Iluminados. «¡Ya basta!», pensé. No quería tener nada que ver con eso, por lo que dejé también de andar hurgando. De todas maneras, lo más importante ya lo tenía claro: el oro es una inversión estable y segura. Por fin tenía de nuevo un punto de partida, el esbozo de una idea con la que poder iniciar un nuevo proyecto. Y también a nivel privado, mi vida cambió drásticamente. Entretanto, la relación con mi novia se había terminado por completo. Por lo menos eso me decía mi mente. Pero mi corazón todavía le tenía cariño. Y, sin embargo, sabía que nuestra relación no tenía futuro. A pesar de todo, seguía asumiendo la responsabilidad y cuidaba a sus hijos de vez en cuando por las tardes para que ella pudiera trabajar. Mi novia me ofreció que me quedara a vivir en su casa, pero yo por nada del mundo quería volver a la dinámica de antes, porque tarde o temprano hubiéramos sido infelices de nuevo juntos. Por eso me fui alejando poco a poco, y eso fue bueno también.

La separación era un gran desafío para mí y, por un lado, me costó mucha energía. Pero por otro lado, también extraje de ella una nueva fuerza para continuar con mi vida. Me adueñé de una actitud interior totalmente nueva al ver la película Los secretos y escuché el audiolibro correspondiente de El sistema de la llave maestra. ¡Una revelación! A partir de ese momento, me enfoqué en lo que quería tener y no en lo que no quería tener. Dirigí mi mirada hacia adelante. Además, comencé a visualizar mis objetivos. 50.000 euros al mes: tanto dinero es lo que quería ganar continuamente. Por eso, pegué sobre mi cama un billete de mentira de 50 euros al que le había añadido otros tres ceros.

Cada mañana y cada tarde lo veía, y esto me daba un enorme impulso. Tenía un objetivo concreto, y estaba dispuesto a dar todo por él, todos los días de nuevo.

Entonces comencé a trabajar con el oro. Y lo bueno fue: podía recurrir a mis asociaciones de varios años antes, socios que me habían seguido siendo fieles a lo largo de todos los años y los diferentes proyectos porque siempre había sido honesto con ellos. Una empresa de Múnich vendía los pequeños lingotes de oro. Establecí contacto con ellos y el director ejecutivo vino a mi oficina. Para esta ocasión había invitado a mis doce mejores socios como nuevos directivos. El director ejecutivo nos convenció en toda regla. Con qué entusiasmo sin igual hablaba de lo que es el oro. Qué pasión proyectaba cuando contestaba nuestras preguntas. Era fascinante. Nos mostró cómo los gobiernos de este mundo emiten monedas en papel moneda que a fin de cuentas pierden cada vez más valor con la inflación. Nos puso ante los ojos cuántas monedas se habían devaluado hasta perder totalmente su valor en los últimos cien años. Nada más que monedas de deuda, pensé yo, y se me encendió la bombilla. El oro como inversión estable y a prueba de crisis, independiente del comportamiento de la política y de los juegos de poder de los actores globales esa fue mi respuesta. Y mi respuesta al ardiente llamamiento del director ejecutivo fue: «Estamos dentro. Recorreremos este camino juntos.» A partir de ese momento, todo fue mejorando. No lo habría creído posible, pero en un lapso de siete meses había creado ya una organización de más de 20.000 personas. Y ya en el séptimo mes gané 100.000 euros por mes, el doble de lo que me había propuesto. Había superado mis propias expectativas. No solo había alcanzado mi objetivo original, sino más gracias a mis experiencias de muchos años, la cooperación con personas que confiaban en mí y también gracias a un modelo de negocios genial. Todo encajaba perfectamente. ¡Era fantástico!

Para muchos, el gran éxito es algo extraño. Cada uno experimenta altibajos en el transcurso de su vida. Entre ellos se cuentan también las pequeñas experiencias de éxito de la vida cotidiana. El cierre positivo de un negocio, un examen aprobado, un pedido productivo: todo esto nos hace especialmente felices por un momento. Pero estas experiencias no se comparan con el golpe realmente grande. El gran éxito le cae a uno encima como una ola, una ola de felicidad y de alegría, pero también una ola que trae todo tipo de cosas hasta la playa. Se da una nueva situación.

Quien tiene éxito puede no creer al principio que haya tenido tanta suerte y actuar en su euforia sin reflexionar. Con el éxito llega también la atención pública. Estar repentinamente en el centro de la atención es para muchos un sentimiento desconocido que no saben manejar adecuadamente. Me gustaría mostrarle cómo puede manejar estas nuevas experiencias. También de primera mano sé que puede ahorrarse muchos disgustos si sabe cómo comportarse cuando todo aparentemente va muy bien y las fuentes del dinero parecen inagotables.

Mi primer consejo es: mantenga la calma. Porque la fuerza está en la calma. Claro que la euforia es un sentimiento increíble, y quien haya alcanzado el éxito se ha ganado también muy merecidamente esta grandiosa experiencia. Saboréela por un momento. Esta es su recompensa por los años de duro trabajo, por haber superado las resistencias internas y externas, por el desarrollo personal y de la empresa que ha alcanzado. ¡Está en su derecho!

Sin embargo, tras los primeros momentos alegres, tras el éxtasis, también aquí se aplica: la vida sigue adelante. Para usted personalmente, con el éxito se habrán modificado algunas cosas, pero eso no influye en el mundo que le rodea. Con la calma interior puede aprender a entender mejor su situación y a manejarla de tal manera que el éxito no sea solamente un evento único, sino que se convierta en un acompañante constante en su vida.

Primero debe intentar conservar dentro de sí esa gran felicidad que está experimentando. La euforia y el orgullo son fuentes positivas para la fuerza y la energía. Precisamente en tiempos difíciles, que nunca se pueden excluir, los recuerdos de estas emociones le ayudarán a desarrollar la perseverancia para los futuros trayectos tortuosos. La determinación interna le dará valor y confianza en sí mismo: los factores del éxito por excelencia. Sin una buena dosis de determinación interna, probablemente nunca me hubiera atrevido a vivir una vida de empresario. Todavía recuerdo bien mis épocas de vendedor de aspiradoras en Vorkwerk. Pago por comisiones: cuantos más negocios cerraba, más alto era el sueldo. Esto me exigía una gran entrega, pero también me daba la libertad de encontrar mi manera de trabajar. A partir de ese momento, tenía que ir por iniciativa propia a buscar a personas desconocidas, convencerlas y ganármelas para mis productos. Al principio era algo extraño y estaba nervioso. ¿Me rechazaría la gente? ¿Podría realmente ganar suficiente dinero con ello? Pero pronto encontré mi ritmo de trabajo y aprendí a apreciar el contacto entre las personas. Me había adentrado en una nueva situación. Y así como funcionaba, estaba más que satisfecho. A veces podemos no tener el valor de meternos en una nueva situación, aunque hubiera sido urgentemente necesario un impulso fresco. Precisamente en este punto es cuando ayudan los recuerdos que hemos conservado de las grandes experiencias de éxito: nos hacen sentir que somos capaces de hacer algo a partir de cualquier cosa, nos muestran que también podemos orientarnos bien en nuevas situaciones. Los recuerdos del éxito le permiten ver el potencial porque puede extraer de ellos confianza en sus propias capacidades.

El primer éxito puede ser el avance inicial para una gran carrera porque siente que puede lograrlo y que todo es posible. Para conservar estos momentos especiales, puede buscarse un símbolo personal estrechamente ligado a los recuerdos del éxito correspondientes. No importa lo que sea: una joya especial, una foto o el extracto de la cuenta de la empresa, mientras ese objeto tenga un valor personal para usted. A veces tenemos que aferrarnos a cosas externas para reactivar fuerzas internas. Los innumerables edificios religiosos que se encuentran por todo el mundo son un buen ejemplo de esto. Al admirar la belleza y majestuosidad de estos edificios, cargamos energías. Admiramos los logros de los que es capaz el ser humano. Logros que usted también puede alcanzar, a su manera totalmente propia.

No puede repetirse lo suficiente que el ser humano es sobre todo un ser social. Por ello, también el reconocimiento social desempeña un papel importante respecto a cuánta energía puede usted obtener de su éxito para el futuro. Puede sonar un tanto superficial, pero los símbolos del estatus siguen siendo un importante elemento que abre puertas para conseguir la aprobación del exterior. También pueden hacer milagros por su propia confianza en sí mismo, así que no tenga miedo de mostrar también su éxito.

Pero siga siendo auténtico al hacerlo. Ya sea en el traje hecho a medida, con un nuevo coche deportivo o un valioso Rolex: si usted sigue siendo usted, emanará una energía positiva. ¿A quién no le gustaría que lo vieran junto a una persona bien vestida? ¿Quién no tiene ganas de hacer un recorrido en un potente coche deportivo? Más de uno habrá de considerar banal hablar de símbolos de estatus, pero estos sí ejercen una fascinación sobre nosotros y nuestros semejantes. Muestre su entusiasmo y otras personas también se dejarán entusiasmar. También esto forma parte de una buena vida. Naturalmente que los símbolos de estatus expresivos no lo son todo. Si alguna vez logró tener un gran éxito, no lo admirarán primordialmente por su riqueza y fama, sino por su logro previo, por su creatividad, por el valor para enfrentar el riesgo, por la racionalidad que ha mostrado para llegar tan lejos. «El camino es el destino», y un hombre exitoso generalmente ha mostrado las cualidades correspondientes precisamente en ese camino. Sobre todo, son esas virtudes las que lo distinguen y por las cuales recibe la admiración.

No solo cuenta lo material, el estado de cuenta en el banco, el elegante automóvil o el reloj caro, sino también los componentes personales. El éxito es más que un gran aumento en la cuenta de banco, y también más que el coche deportivo que maneje. Y esto lo digo aun siendo un gran aficionado a los automóviles. Pero ¿si el éxito no se expresa solo en la riqueza y el bienestar, en qué otras cosas se manifiesta?

Incluso me atrevería a decir que hay personas que no necesitan ni mucho dinero ni un bienestar perpetuo para sentirse felices y satisfechos. El éxito es siempre muy subjetivo. Para algunos representa un éxito cuando simplemente pueden ayudar a otros sin recibir mucho a cambio. Piense solamente en los innumerables colaboradores voluntarios que hay por toda Alemania que hacen grandes cosas con su esfuerzo y por lo que no reciben ningún pago. Mi hermana, con la que tengo hasta ahora una relación especial, es cuidadora de ancianos. Como tal vez sepa por los medios de comunicación, con ello no se gana mucho dinero. Escasez de personal sanitario y malas condiciones laborales: estas son las palabras clave que siempre se relacionan con esta actividad. Claro que ella también ha sufrido por eso, pero para ella cuenta sobre todo que puede ayudar a otras personas. Eso la hace feliz. Cada atención buena, cada ayuda valiosa es un éxito. El dinero no es aquí un factor muy importante. Lo que recibe a cambio es una enorme gratitud, un valor inmaterial que no se puede compensar con dinero.

También en las cosas pequeñas hay potencial para la felicidad personal. Depende mucho de la perspectiva. Por supuesto que el empresario con grandes objetivos pensará en grandes categorías y solo estará satisfecho cuando logre alcanzar su visión, pero también los pequeños pasos intermedios en el camino hacia el gran éxito son motivo para estar orgulloso.

Más que el estatus material que alcanza cuando tiene éxito, cuenta su satisfacción interna. Por supuesto que uno se alegra cuando puede permitirse cosas que antes eran impensables. Símbolos de estatus, un bonito viaje, regalos para amigos y familiares: no necesariamente habría que renunciar a estas amenidades. Hacen más bella la vida, pero tampoco deberían obstruirle la visión de lo esencial, a saber, la satisfacción interna. El éxito significa también que está en armonía consigo mismo porque ha logrado lo que quería obtener. Lo que antes solo era un vago proyecto, una idea, se ha convertido en realidad gracias a su persona y a su esfuerzo. Desde mi punto de vista, es este logro el que proporciona la satisfacción. La riqueza y el bienestar exteriores son más aquí que efectos secundarios, aunque extremadamente positivos.

Llevar una vida realmente plena es a veces más difícil de lo que uno se imagina. Tal vez conozca la historia, tantas veces contada, del rico heredero que no puede ser feliz en la vida, a pesar de toda su fortuna. No hay nada que no pueda tener, pero no obstante le falta algo. Algo que no se puede comprar con dinero, sino únicamente con el propio esfuerzo. Por lo que a esto se refiere, como empresario con éxito usted está en una posición privilegiada, porque el dinero no se lo han regalado, sino que usted mismo ha luchado por él, lo cual es mucho mejor. Con sus capacidades ha creado algo especial por lo que ahora se le premia. El dinero que usted consigue con su propio esfuerzo tiene un significado simbólico, además de su valor nominal. Es la recompensa por sus esfuerzos, la aprobación por su actividad, una expresión de valoración de parte de sus clientes y de la sociedad. Esto es lo que constituye el éxito.

Sin embargo, a pesar de todos los grandes elogios por las competencias de un empresario exitoso, no debe olvidar una cosa: un gran éxito raras veces está basado solamente en el esfuerzo de una sola persona. Puede que usted, como director ejecutivo, represente exteriormente la empresa y con ello también su extraordinario logro. Pero esto no significa que usted solo sea el responsable del éxito. Los hombres egocéntricos tienden a olvidar pronto quiénes los ayudaron, quiénes los apoyaron, y quiénes fueron sus socios en su camino hacia el éxito. Se requiere gratitud y también un poco de humildad con respecto al logro de todo el equipo. Puede que usted haya definido las grandes líneas y que mantenga los hilos en la mano, pero sin las numerosas contribuciones, sin la confiabilidad, el esfuerzo y el compromiso de todo un equipo, una empresa no puede llegar muy lejos. Las ideas pueden ser tan buenas como usted quiera: el desarrollo hacia adelante requiere de una fuerza de trabajo calificada. Sin ella, no es posible.

Solo considere por un momento a su red. Habrá habido contactos que hayan sido especialmente valiosos para usted, personas que hayan impulsado decisivamente el desarrollo de su empresa, que lo apoyaron, aportaron dinero, colaboradores: la lista se podría continuar indefinidamente. A más de uno le cansan los interminables discursos de agradecimiento en las entregas de premios. Sin embargo, contribuyen a realizar una apreciación realista sobre la capacidad de rendimiento propia y la relacionada con la empresa de los años pasados y, además, dejan claro: sin un buen trabajo de equipo, el éxito sostenible apenas se puede concebir.

La gratitud evita que se crezca y le permite mantener los pies en la tierra, también y precisamente cuando tiene la sensación de que le están creciendo alas. Este es uno de los mayores desafíos en tiempos de éxito: conservar una mirada objetiva sobre sí mismo y su propio entorno.

Si quiere escribir historias de éxito también en el futuro, depende de su equipo. Y está claro: quien haya hecho una contribución al éxito general, también merece reconocimiento. Para mantener unido a su equipo se requieren gestos de ayuda tanto financieros como personales. También aquí se aplica: «El dinero no da la felicidad», pero un empleado entiende un mejor salario como una expresión de reconocimiento por su esfuerzo y, por eso, un aumento de sueldo tiene como consecuencia fomentar el esfuerzo. La afinidad e identificación del equipo con su empresa aumentan, y esto es bueno, porque no están excluidas crisis ni cuellos de botella futuros. Si estos llegaran a suceder, dependerá más que nunca de sus empleados fieles, que no se van cuando aparecen las primeras dificultades. Si se quiere ver así, la gratitud es la inversión en un futuro exitoso, fortalece la cohesión y da fuerza para los tiempos más difíciles.

En los tiempos del éxito, tiene muchas puertas abiertas porque no hay carencia de recursos. La demanda es buena, el financiamiento, estable. Por lo tanto, son buenas condiciones para probar cosas nuevas. En lugar de dormirse en los laureles, no debe dejar escapar la oportunidad y debe aprovechar el excedente de recursos que ahora tiene a su disposición. Si las cosas van bien, puede atreverse a ampliar el edificio de su empresa, puede arriesgar algo, porque la base financiera estable sobre la que puede construir ahora es una ventaja competitiva.

Si los negocios van bien, gana tiempo y dinero para nuevas innovaciones. Por agradable que sea el hoy en tiempos de éxito, mantenga también en la mira el mañana, invirtiendo con visión de futuro. No invierta solamente en atenciones para sus empleados más fieles, sino que apueste también por la innovación y el desarrollo continuos. Claro que suena atractivo simplemente vender o liquidar una empresa exitosa y así volver a cobrar buenas cantidades, pero pregúntese qué beneficio tiene su trabajo para la sociedad. Con él va aparejada una responsabilidad que no debería abandonar a la primera de cambio. Yo soy un gran partidario de la reinversión. Con ello cumplo con mi responsabilidad de seguir generando una mejora de la vida de las personas a través de mi trabajo. Al mismo tiempo, también es para mí una necesidad personal ser empresario. Deseo obtener un valor agregado porque me hace más feliz a mí mismo, y creo que a mucha gente le pasa igual.

Para seguir el ritmo de la dinámica del mercado, su empresa tiene que estar totalmente al día. Por ello, no debe escatimar los recursos financieros que obtiene en tiempos de éxito económico. En el caso ideal, ya habrá planeado otros proyectos con la empresa que ahora se pueden realizar. Si antes los elevados costes habían sido un obstáculo, ahora se da la oportunidad de dar los siguientes pasos. Quien solamente se aferra al dinero recién obtenido se verá superado rápidamente por los acontecimientos que vengan. El mejor ejemplo de esto es la inflación constantemente en progreso que se da en la Eurozona. La suma del dinero en la cuenta puede ser la misma si no gasta nada, pero el valor real de este dinero se va reduciendo cada vez más sin que pueda hacer nada para evitarlo. Precisamente las personas que tienen éxito financiero por primera vez suelen aferrarse febrilmente a sus ingresos con la esperanza de que este estado se mantenga para siempre, pero precisamente lo contrario es el mejor camino para construir una liquidez financiera a largo plazo. Las oportunidades nunca fueron mejores para poder realizar sus visiones que en los tiempos de éxito. Una reinversión inteligente no solamente promete crecimiento económico, sino que también le aporta un enriquecimiento de su experiencia personal. Solo si prueba cosas nuevas, si pone en práctica sus ideas, podrá averiguar cómo se actúa con éxito en el mundo de los negocios. O dicho en otras palabras: quien siempre se queda en su pequeño pueblo, nunca sabrá qué posibilidades hay abiertas en el ancho mundo. Nunca va a poder aprovechar todos sus potenciales. El mundo le parecerá extraño, las oportunidades limitadas y probablemente envidiará a otros por su apertura, su riqueza de experiencias. Por ello, también usted debe salir al mundo y aprovechar sus oportunidades. Sobre todo, si tiene el capital necesario como respaldo.

El director ejecutivo de la empresa de Múnich no aprovechó sus oportunidades. Cometió errores que más tarde no se pudieron corregir. Así, utilizó el mismo plan de mercadotecnia que ya había puesto como base de su actividad comercial en el sector financiero, pero el comercio de oro funciona de otra manera. Se requerían adaptaciones. Yo me di cuenta de ello y le pregunté, como mi jefe que era, si podía crear un plan de mercadotecnia propio dentro de la empresa. No tuvo nada en contra. Y así comencé.

Naturalmente, mi plan de mercadotecnia divergente tuvo como consecuencia dificultades en toda la organización porque, a partir de ese momento, su gente y mi gente trabajaban de manera diferente. Pero, a diferencia de su gente, la mía estaba ganando dinero. Nosotros estábamos produciendo ganancias lucrativas. En cambio, el plan de mercadotecnia de mi director ejecutivo era desigual e implicaba demasiados pagos al inversionista. Al principio, esto era atractivo para el cliente, pero a la larga no podía mantenerse una inversión de ese tipo. Por ello, las ganancias extremadamente diferentes se fueron extendiendo a medida que iba avanzando el tiempo, como una línea invisible a través del balance de la empresa. Las utilidades no soportaban los gastos en personal y financieros, y finalmente la empresa tuvo que declararse insolvente.

Las entregas de oro se interrumpieron debido a los atrasos en los pagos y muchos clientes se retiraron. Hasta ahora, mi antiguo jefe todavía debe oro a algunas personas. Con ello, en términos generales, el proyecto tuvo un final vergonzoso. Una lástima, porque habíamos empezado juntos con mucho entusiasmo.

Sin embargo, nunca me atrevería a hablar mal de mi antiguo jefe. A fin de cuentas, él fue el que me dio la posibilidad de trabajar con el oro. Con él di mis primeros pasos en este complejo negocio, me abrió las puertas a un negocio con el cual ahora obtengo facturaciones de varios millones, pero él había invertido mal, sus socios se habían aprovechado de él. No tenía a su equipo bajo control, lo cual también se debía a él mismo, y tuvo que asumir la responsabilidad por ello.

Le dije que yo no podía continuar así. La insolvencia era un pesado lastre sobre nuestras espaldas. Y mi parte del trabajo sí había sido muy lucrativa. Lo comprendió, y me dejo ir. Ahora estaba libre el camino para mi propia empresa, así que en noviembre de 2011 fundé Karatbars International. Además del gran éxito que obtuve, con la fundación de la empresa también conocí más cosas nuevas. Comparada con la fundación de una organización propia dentro de una empresa existente, el trabajo para crear una empresa propia tenía una calidad totalmente nueva. Esto traía consigo nuevos desafíos y agudizó mi conciencia para manejar correctamente el éxito.

«El tiempo es oro.» Tal vez no haya ningún otro dicho que sea tan popular en el mundo de los negocios. Esto tiene una razón, porque deja claro el dilema del hombre de negocios. El que quiera ganar dinero, tendrá que invertir tiempo, pero el tiempo invertido es a la vez dinero perdido en otro lado, porque no se pueden realizar otras tareas alternativas simultáneamente. Por ello, es indispensable administrar el tiempo de manera profesional. Pero volvamos al tema central: el manejo del éxito. En el momento en que usted puede celebrar sus éxitos financieros, la relación tiempo-dinero juega a su favor. Y esto de manera totalmente masiva, porque ahora tiene el dinero que necesita para tomarse también el tiempo que requiere y que, sin duda, podría aprovechar para echarse a dormir. Pero el tiempo ganado está mejor invertido si lo invierte para iniciar nuevos proyectos. Y de eso se trata, precisamente. Con el excedente de tiempo a su disposición por el dinero que se ha ganado, puede dirigir su mirada hacia el futuro de forma más intensa que anteriormente, y no tiene que preocuparse hasta el último detalle por la rentabilidad en el presente. Todo buen empresario es al mismo tiempo también un visionario, pero todo visionario también requiere tiempo para desplegar sus visiones. ¿Todavía recuerda mis observaciones sobre el tema de la creatividad? No espere que apretando un botón le venga a la cabeza una idea genial. Una visión realmente grande se va desarrollando lentamente, se alimenta de experiencias, de fracasos y de victorias. Por supuesto, todo esto cuesta energía y nervios, pero en los tiempos de éxito puede invertir esta energía con buena conciencia, sin el gran temor de descuidar las cosas en otro lado. Por lo tanto, no se trata solamente de reinvertir una parte de los ingresos, sino también de orientar ahora sus capacidades totalmente personales hacia aquello que es especialmente importante para usted.

En este proceso, no subestime a sus amigos y a su familia. En no pocas ocasiones he escuchado decir a colegas exitosos que precisamente las personas que estaban más cerca de ellos les habían dado impulsos decisivos para su vida posterior, impulsos que, a fin de cuentas, le conducen a la senda del éxito. Tomarse tiempo cuando el tiempo está disponible, y no simplemente seguir corriendo ciegamente en la rueda del hámster, es un arte que se debe aprender. Demasiadas personas solo despachan tozuda y esquemáticamente sus tareas sin preguntarse demasiado a dónde las lleva eso. Un empresario con visión de futuro se plantea exactamente estas preguntas. Ve las perspectivas, pone en el punto de mira nuevos objetivos, lejos de los altibajos cotidianos. En los tiempos de éxito, usted tiene los recursos para planear el futuro y descubrir nuevos potenciales. ¿Qué es lo que espera? Los amigos y la familia le pueden dar fuerza en todas las fases de la vida. Los buenos amigos están disponibles, tanto en los buenos como en los malos tiempos. Conversando con ellos, aprende a reflexionar sobre sí mismo y a cuestionar sus acciones. Solo por eso son ya tan valiosas las amistades estables y los vínculos cuidados con la familia. Mi antiguo amigo de la escuela, Wolfgang, me apoyó cuando todos se burlaban de mí todo el tiempo. También se encargó de que yo descubriera capacidades totalmente nuevas en mí. Todavía me acuerdo bien de cómo entregó un boleto con mi nombre en una velada donde había una tómbola. Sacaron mi boleto, y por primera vez interpreté una canción en el escenario. La gente se entusiasmó, lanzaba dinero al escenario y yo ganaría muy buen dinero de esta manera hasta mi cumpleaños número 28, una experiencia increíble que nunca hubiera vivido sin Wolfgang. Para no perder a los amigos importantes, debe dedicarles suficiente tiempo, si lo permite su agenda. Las amistades se tienen que cultivar para poder construir más tarde sobre ellas. Esto cuesta tiempo, es verdad, pero al final siempre vale la pena. A mí me lo confirman las experiencias como la que tuve con Wolfgang.

Hay otro fenómeno que desempeña un papel importante en el manejo del éxito. Por agradable que se pueda sentir el éxito empresarial en el primer momento, no lo es todo en la vida. A fin de cuentas, de lo que se trata es de las personas a las que usted les hace un bien con su proyecto. Naturalmente están, por un lado, los clientes, que se benefician de sus productos. Pero también están, por otro lado, los amigos y los familiares, a los que les puede mostrar gratitud. La idea de haberse hecho rico solo en base al propio esfuerzo puede tal vez satisfacer al propio ego, pero raras veces corresponde verdaderamente a la realidad. Precisamente en las fases difíciles de la vida nos apoyan una y otra vez justo las personas que están más cerca de nosotros, nos dan nueva vida y creen en nosotros cuando el cliente o el socio tal vez no lo hacen. La amistad y los lazos familiares son valores insustituibles que usted debe honrar adecuadamente, también en la sobreabundancia del éxito.

Además, el éxito es tanto más bello, cuanto más se puede compartir. En un primer momento suena paradójico, pero es realmente cierto. «La alegría que se comparte es doble alegría.» Dar alegría a otros es a veces más valioso que cualquier factura, por duramente que se haya calculado. Devolver a los amigos algo de lo que ellos han dado personalmente por usted en los tiempos duros da mucha más satisfacción interna que el décimo yate de lujo en el puerto. Un comportamiento así demuestra que tiene los pies en la tierra y conoce el respeto. Y a la inversa, también generará reconocimiento en sus semejantes por su esfuerzo y su manejo del éxito. La fuerza de carácter no solo se muestra en los tiempos de crisis, sino también en los tiempos de supuesta sobreabundancia.

Medir el éxito solo en dinero sería ingenuo y se quedaría demasiado corto. Incluso cuando en el sistema capitalista aparentemente todos corren detrás del dinero, una cartera repleta no es en absoluto una garantía de felicidad para toda la vida. En verdad, aquel que solo trabaja para conseguir mucho dinero, raras veces será exitoso. Buscar la riqueza y el bienestar puede ser una pasión pero, detrás de eso, la mayor parte de las veces hay mucho más. A saber: la idea de la autorrealización. Es el sueño de poder seguir su propio camino y ser recompensado por eso. Ver prosperar y crecer su propia visión es la fuente de una gran satisfacción en la vida. Sentir cómo otras personas se dedican al proyecto propio porque están convencidas de él es indescriptiblemente positivo. En un mundo en el que muchas veces el dinero ocupa el lugar central, frecuentemente se nos olvida qué es lo realmente importante. La convicción interna, la certeza positiva, la capacidad de hacer algo que tenga sentido y ayudar: esas son las coordenadas de las cuales se alimenta el éxito, más allá de las cifras y los estados de cuenta.

Si usted manifiesta estas virtudes y muestra gratitud hacia a las personas que lo han apoyado, estará demostrando que no ha perdido el sentido de la realidad a pesar del éxito. Precisamente eso es lo que lo hará popular. El ser humano es un ser social. Todo lo que hace está integrado en un entorno social, de una o de otra forma. Esperamos una reacción y una apreciación de la persona que tenemos enfrente, un gesto de reconocimiento o una palabra de atención. Por diferentes que puedan ser las profesiones y las pasiones de los seres humanos, todos merecen aprecio. Esto empieza ya desde las cosas aparentemente pequeñas. Piense por ejemplo en la gestión de desechos. Solo porque todos los días hay personas que se ocupan de la eliminación de la basura, usted tiene la posibilidad de dedicarse a otras cosas. En el mundo moderno vivimos integrados en un gigantesco sistema de división del trabajo y del apoyo recíproco. Sin calles, medios de transporte, escuelas, no sería posible una vida a este nivel. La certeza de que las cosas fundamentales de la vida funcionan no puede apreciarse lo suficiente. Solo porque cada uno hace su contribución a la comunidad puede también cultivar sus pasiones individuales y seguir desarrollando sus capacidades. Este es el fundamento de cualquier forma de autorrealización, tanto privada como comercial. La palabra clave es modestia. Las grandes personalidades conservan una actitud modesta, independientemente de cuánto reconocimiento se les otorgue y cuánto dinero les corresponda. Se conocen bien a sí mismas y saben que su esfuerzo solamente da frutos cuando cae en suelo fértil, en el sistema total de una comunidad que funcione. Con su empresa, realizan una valiosa contribución al funcionamiento de la comunidad. También usted merece aprecio por eso, pero no olvide que su contribución solo ha sido posible porque muchas otras personas cumplieron con sus tareas. Estas personas prepararon para usted la base en la que ahora está trabajando, en la que puede desplegar su creatividad y su espíritu empresarial.

Como empresario con actividades a nivel global, conozco el valor de un entorno que funcione. Hay innumerables países en los que no se da lo que nosotros consideramos normal en Alemania. Imagínese que su lugar de residencia no estuviera conectado a la red de carreteras o que no hubiera Internet. En muchas regiones de la Tierra, exactamente esto es lo que sigue siendo la realidad, y las posibilidades para las personas de dichas regiones se ven muy reducidas por ello. Es un privilegio poder aprovechar estos logros tecnológicos porque se ponen a nuestra disposición. De la comunidad para la comunidad. Y para mí es una obligación mostrar mi gratitud, mi apreciación por los logros de los demás. El gran éxito y el progreso significativo tienen más probabilidades de realizarse si aprendemos a trabajar juntos, si sabemos cómo podemos utilizar nuestras capacidades los unos para los otros. ¿Qué hubiera sido un Martin Luther King sin sus fieles seguidores por todos los Estados Unidos, sin las personas que creyeron en él y en su visión, sin los intrépidos manifestantes que se levantaron en valiente protesta contra la discriminación e incluso se dejaron moler a palos? ¿Qué habría sido un Elvis Presley sin sus fanáticos, sin las personas que lo respaldaron, que le dieron reconocimiento y apoyo? ¿Y qué sería Karatbars sin sus socios comerciales en todo el mundo, en los que confiamos y que nos apoyan con su competencia tanto en los tiempos buenos como en los malos?

Los grandes proyectos exigen un gran compromiso, no solamente de aquel que los dirige, sino de todos los que participan en ellos. Más de uno dirá: «Demasiados cocineros echan a perder el caldo.» En cuestiones de éxito, esto no se aplica, solo en comunidad se hace posible el gran éxito. Ser consciente de esto es un conocimiento valioso para un manejo centrado y realista del éxito, porque con el éxito también viene la responsabilidad. Pero de eso seguiremos hablaremos más tarde.

Por lo tanto, su respuesta al éxito debe ser, además de la gratitud y la modestia, también y sobre todo la apreciación del esfuerzo de sus semejantes. «La dignidad del ser humano es intocable.» Así lo afirma el primer artículo de la Constitución alemana. La dignidad no depende de la riqueza y el bienestar. Todo ser humano merece aprecio. Incluso a un criminal no se le debe negar su dignidad. Tampoco él nació como un mal ser humano. Con demasiada frecuencia son las influencias y las experiencias con su entorno las que lo convierten en delincuente. Es un gran logro de nuestra época concederles también a estas personas su lugar en el mundo. No mire con desprecio a las personas que no son tan exitosas como usted. Más bien agradezca la suerte que le ha tocado y que ha hecho posible su éxito, por lo menos en parte.

No pocas veces, las personas de éxito tienen un talento especial y una gran fuerza de voluntad, pero estas capacidades tampoco se dan por casualidad. Un talento se debe fomentar. La fuerza de voluntad la desarrollamos en nuestra infancia y juventud, y para ello dependemos mucho de las personas de nuestro entorno: una madre o un padre que nos dan fuerza y nos infunden confianza en nosotros mismos, alguien que nos hace sentir que podemos lograr grandes cosas. Yo crecí en condiciones muy difíciles. Mi padre abandonó a mi familia para irse a Grecia cuando yo tenía tres años. Aunque casi siempre mi madre y mi abuela escuchaban mis preocupaciones, también ellas tenías sus dificultades con las que yo tuve que luchar cuando era niño. Su alcoholismo y las conmociones relacionadas que tuve que experimentar cuando era adolescente me marcaron hasta el día de hoy. Nunca desperdiciaré mi vida consumiendo drogas. Nunca me voy a narcotizar a mí mismo para reprimir experiencias negativas. Quiero tratar abierta y sinceramente con los problemas, por difíciles que estos puedan ser. Mi madre era una mujer de corazón bondadoso. Antes de su enfermedad del alcoholismo, trabajó a destajo en una fábrica y ahorraba cada centavo para nuestra familia. A pesar de todos los problemas que tenía, también fue un apoyo para mí. Me confirmaba en mi personalidad, me dio valor y fuerza. Se sentía muy orgullosa cuando di mis primeros pasos como empresario. Así aprendí pronto a ser independiente, también a soportar algunas cosas y a dirigir la mirada al frente.

Las personas que confiaban en mí y en mis capacidades me ayudaron a levantarme de nuevo, a comenzar nuevos proyectos, a no darme por vencido. Igual que mis amigos más tarde, que me apoyaron en cada presentación. En el fondo, el increíble tiempo que pasé como animador se lo debo sobre todo a Wolfgang, mi amigo de la escuela. Él me dio valor para presentarme en el escenario. Descubrí mi voz, me di cuenta de que podía entusiasmar a la gente. Aunque no ganaba mucho dinero con las presentaciones ocasionales en discotecas, bodas, celebraciones de empresas y fiestas privadas, esto era un éxito para mí. Sentía lo que había dentro de mí y me di cuenta de que podía entusiasmar a la gente con lo que hacía. A veces, estas experiencias valen más que cualquier honorario, por exorbitante que sea. Estas experiencias forman la personalidad. Y solo con eso me fui convirtiendo en lo que ahora soy: el administrador jefe de una lucrativa empresa mundial.

Mirando hacia atrás, diría que mi época de cuando tenía veinte años me marcó de una manera extraordinariamente fuerte. Mi carácter se basa en estas experiencias, y eso fundamenta también el éxito que tengo actualmente. Es parte de la historia de mi vida, una historia llena de altibajos, éxitos y derrotas, ascensos y descensos. No fue una vida fácil, pero fue una vida en la que sabía que mis amigos, mi madre y mi hermana estaban siempre a mi lado, una circunstancia que no puede apreciarse nunca lo suficiente.

Esto se ve claramente solo pensando en cuántas personas crecen sin un interlocutor emocional, sin gente que los promuevan y apoyen. A ellas se les cierra pronto el camino hacia una confianza sana en sí mismas que han tenido que conquistar más tarde con muchos esfuerzos para poder tener éxito. Porque en la confianza en sí mismo es en lo que se apoya el valor para actuar como empresario, de tomar decisiones difíciles y asumir responsabilidad por los errores. Una confianza sana en sí mismo es el fundamento para las cualidades de un director ejecutivo exitoso.

Cuando una cosa se junta con la otra, se puede ir pronto por el mal camino. Tal vez un infractor de la ley haya caído en el momento equivocado con los amigos equivocados, tal vez nunca haya aprendido a imponerse frente las personas que no le hacen bien.

Tal vez le haya faltado alguien que lo entienda en los momentos difíciles. No quiero hacer una letanía de la compasión, pero las situaciones en las que una persona puede caer en el mal camino son muy variadas.

Igual de variados son los caminos hacia el éxito. También desempeñan un papel la casualidad y, sencillamente, la suerte de haberse encontrado en el momento correcto con las personas correctas. Todavía recuerdo bien cómo me encontré con un amigo cuando tenía mi primer trabajo entregando bebidas en Gerlingen y me mostró las posibilidades de trabajo en el sector financiero. Me hablo de las oportunidades de ascenso, de la libertad y la independencia que se podían lograr como asesor financiero. Eso me sonó bien. Si no lo hubiera visto, tal vez nunca me hubiera convertido en asesor de inversiones y habría dejado sin aprovechar tantos potenciales de mi vida. En el trabajo de las bebidas no me pagaban especialmente bien. Con 800 marcos al mes apenas me alcanzaba para mis gastos. El trabajo como vendedor independiente de aspiradoras, en el cual podía ganar bastante más en base a comisiones, sonaba prometedor. Y resultó. En pocos meses había más que triplicado mi sueldo, pero no era solo el dinero lo que me hacía feliz. También la recién ganada independencia correspondía a mi naturaleza. Por primera vez en mi vida era mi propio jefe, al menos en pequeña escala. Podía decidir yo mismo a cuántas personas quería ver, cuántos contratos quería cerrar. Y con el dinero que ganaba, también podía organizar mi vida privada mejor que antes.

Puede llamarlo casualidad o destino: a veces son esas circunstancias de la vida, aparentemente insignificantes, las que producen grandes transformaciones, porque son el inicio de un camino vital completamente nuevo. Detrás de un empresario con éxito, muchas veces hay una larga biografía de fracasos y reconstrucciones, de intentos y mejoras. En esto no soy un caso especial, pero mi biografía confirma la norma.

Quien reduzca el éxito a un determinado evento, a una única decisión correcta, se engaña a sí mismo. Podría contarle de muchos otros momentos de mi vida que son responsables de lo que he logrado hasta ahora, ya sea el paso de la venta de aspiradoras al sector financiero o la decisión en favor de los proyectos de inversión en torno al oro: todas estas decisiones tuvieron grandes consecuencias en mi evolución profesional y personal.

También el que tiene éxito debe seguir tomando decisiones. Desde luego, se necesita responder primero urgentemente la pregunta: ¿a dónde llevo el dinero? ¿Qué hago con él? ¿Reinvertirlo? Yo soy un gran partidario de las reinversiones, porque no solo aseguran el desarrollo futuro de la empresa, sino también –este es el efecto positivo– la permanencia del beneficio que crea la empresa para las personas. En eso radica una responsabilidad que asumo. Deseo mejorar la vida de mis semejantes, estar disponible para las personas, presentar ofertas y soluciones para sus problemas y necesidades. Ya desde que era un niño de doce años sentía esta responsabilidad para con mis semejantes, no solo porque debido a los problemas de alcoholismo de mi madre tuve que aprender pronto a ser independiente, sino también porque cuando cumplí trece años mi hermana vio la luz del mundo. Sentí desde el principio que ese pequeño ser humano necesitaba protección, seguridad y apoyo, y todo eso quería dárselo a toda costa. Su risa me conmovía tanto que casi no lo puedo describir. De alguna manera también era mi bebé, precisamente mi pequeña hermanita, así que la llevaba a todos lados: a la zona de juegos del parque, con amigos, siempre la estaba cuidando. Al principio, mis amigos se mostraron escépticos. ¿Qué hacía un niño de 13 años con un bebé? Ellos se interesaban más bien por chutar el balón, por escalar y jugar, pero acabaron aceptando que mi hermana casi siempre iba también. Yo había asumido la responsabilidad y mis amigos sentían que eso era algo especial para mi edad.

Hasta ahora tengo una relación muy cercana con mi hermana. La admiro por su honestidad. Es sensible y comprensiva, e igual que yo, también quiere ayudar a otras personas lo mejor que se pueda. Mi hermana me ha mostrado más que cualquier otra persona que el éxito no se puede reducir al dinero y al bienestar. Claro que con mucho dinero se puede dar una alegría a muchas personas, experimentar cosas increíbles y disfrutar la vida pero, a fin de cuentas, la paz interior, la satisfacción interna, es el núcleo de toda felicidad.

Esto me quedó claro cuando estuve presente en el nacimiento de mi sobrino. Después de su primera relación malograda, mi hermana conoció al que después sería su esposo, Andreas. Algún tiempo después se casaron y construyeron una casa. Todo lo que faltaba era la descendencia, y esta no se hizo esperar mucho. Cuando comenzaron los dolores, Andreas me dijo: «creo que no puedo estar presente.» Para él era sencillamente demasiado turbulento, pero yo quería acompañar a mi hermana. Tal vez pueda sonar raro, pero en ese importante momento de su vida, yo quería estar presente. Y fue una experiencia increíble. Cuando concluyó todo, estuve a punto de estallar de alegría. Tener en mis brazos a ese milagro de la naturaleza, apenas más grande que mi mano, me llenó todo el corazón. Había quedado impresionado y estaba feliz. Este niño fue un verdadero premio, un éxito para toda la familia, un enriquecimiento, un regalo para mi hermana, para su esposo y para mí.

También el éxito financiero en la empresa puede desencadenar una enorme ola de emociones. Usted ha logrado algo extraordinario y está orgulloso de ello, con razón. Pero al orgullo y la arrogancia los separa una delgada línea que no debería atravesar. Porque, como sabemos, la arrogancia viene antes de la caída, y lo que usted quiere es un éxito sostenible. En el lenguaje de la música pop se diría: lo que usted quiere no es un cantante de un solo éxito, sino un favorito de todos los tiempos, un éxito permanente y un clásico. Para no perder el sentido de la realidad, necesita un ancla espiritual, un ritual o un lugar que lo ate a la tierra y le muestre que la vida no siempre está coronada solo por el éxito, algo que también le recuerde las partes negativas de su actividad.

Si recuerdo el pasado de mi carrera, veo también los esfuerzos y dificultades con los que me he topado en mi camino hasta llegar a ser director ejecutivo de Karatbars. Así fue por ejemplo con el proyecto de una tienda en línea para la distribución por Internet. Operábamos una página web comparable, pero en algunos puntos decisivos mejor que eBay. Según el paquete que escogía el vendedor, tenía un determinado contingente de ventas disponible, casi su puesto de ventas personal en la red. No había un momento final fijado definitivamente para la subasta, sino que el plazo se prorrogaba un minuto más en caso de ofertas de último hora. También había la posibilidad de asignaciones ocultas. Pero, desafortunadamente, el proyecto no fue rentable tan rápidamente como se había planeado y nuestros inversionistas nos retiraron el apoyo que antes nos habían prometido, de modo que pronto ya no pude pagar al programador. Yo hubiera deseado que se quedara dentro del proyecto y hubiera trabajado primero para cobrar después, pero la vida no es un concierto de complacencias, y sin programador no había una plataforma comercial de Internet que funcionara, así que tuvimos que cerrar. Y, además de todo eso, llamó a nuestra puerta la Fiscalía del Estado. La acusación: competencia desleal. En el primer momento, fue una sacudida. Nunca había imaginado que la venta de paquetes virtuales pudiera representar un delito. Mientras que el fiscal me presionaba todo lo que podía, el juez mostró más comprensión por mi situación. Él creía firmemente que yo podría tener éxito algún día, sentía mi pasión, mi entrega. Solo faltaba una idea legal que no entrara en conflicto con el Estado de derecho. «Solo necesita el modelo de negocios correcto y entonces tendrá éxito.» Esta frase del juez está todavía tan presente en mi mente como si la hubiera oído ayer. Finalmente, me pude librar con una multa soportable y estaba agradecido de recibir otra oportunidad. Quería dar el gran golpe con una nueva y mejor idea.

Cuando veo las fotos de mi juventud, veo al joven que buscaba experiencias en todos lados. Comencé tres formaciones profesionales y no terminé ninguna con éxito. Ya fuera bolsero, pintor o panadero, tardé mucho en darme cuenta de lo que quería: estaba en busca de independencia y autodeterminación. Quería ser mi propio jefe y no siempre cumplir solamente los deseos de mis superiores. Este autoconocimiento puso las bases de mi trabajo como empresario, agudizó mi mente, enfocó mis sentidos sobre lo que yo realmente quería. Crear algo propio, en lugar de servir según las instrucciones: esta era mi determinación.

Mis recuerdos personales me muestran siempre de nuevo que el éxito no es cuestión de suerte, sino el resultado de un largo camino. Acordarse de este largo camino pone en la perspectiva correcta el éxito que uno tiene. Los recuerdos, las fotos, los amigos y la familia contribuyen a lograr una visión equilibrada y auténtica sobre la evolución propia.

No pocas veces, tan pronto logramos el éxito se abre un círculo de amigos totalmente nuevo. Seleccione a sus amigos con cuidado. No necesita a nadie a su lado que solo busque estar cerca de usted por su éxito. Los verdaderos amigos no le dan ninguna importancia a eso porque lo aprecian como persona, como ser humano con todas sus fortalezas y sus debilidades, sin importar si en este momento está en el lado de los ganadores o de los perdedores. Los elogios son buenos e importantes, pero también lo pueden cegar y deformar su visión de la realidad. Quien solo quiere adular, quien solo está pensando en caer bien, no lo va a hacer avanzar. Aunque el reconocimiento pueda hacerle bien, lo que realmente cuenta es la sinceridad y no los halagos. Sus verdaderos amigos no tendrán miedo de criticarlo también alguna vez. Tal vez incluso precisamente a pesar de que esté teniendo mucho éxito en ese momento. Pero no por eso los rechace, más bien tome en cuenta la crítica. Es necesario escuchar. Un buen consejo vale más que cien elogios. Con sus verdaderos amigos, encuentra su conexión mental a tierra. Además de las muchas cosas positivas que trae consigo el éxito, también se le plantea un desafío especial, porque con el éxito también aumentan las expectativas, y tal vez no necesariamente las suyas propias. Puede que usted esté satisfecho con lo que ha logrado pero, en todo caso, ahora le van a exigir más desde fuera. Naturalmente, un director ejecutivo exitoso es apreciado y respetado. El éxito lo eleva en la percepción externa a un nuevo nivel. Se le atribuyen capacidades especiales, se le comprueban talentos, se quiere explicar su éxito. Y se esperará de usted que también en el futuro manifieste grandes virtudes y tal vez incluso todavía más entrega. Puede sonar injusto, pero el éxito viene acompañado también de un nuevo estándar de referencia más alto que ahora se aplicará con respecto a su rendimiento.

Por eso, en los tiempos de éxito es más válido que nunca: actúe pensando bien lo que hace. Las sumas que invierte serán mayores el riesgo no necesariamente será menor y se le va a medir con mayores exigencias, con mayores expectativas. Satisfacerlas no es tarea fácil, pero con lo que ahora sabe, sí será una tarea manejable.

6.
«Devuelve a la sociedad algo de lo que te ha dado.»

Al final del capítulo anterior hablé de la nueva presión de las expectativas que tarde o temprano se ejercen sobre un empresario exitoso. Esto se aplica más que nunca en los tiempos actuales, en los cuales los acontecimientos y la crítica se pueden difundir de manera inmediata en los medios de comunicación. Ya conoce un par de estrategias importantes para manejar el aumento de presión de las expectativas. Nosotros en Karatbars enfrentamos estas expectativas no quedándonos en lo que ya hemos alcanzado, sino pensando más allá. Dirigimos la vista hacia el futuro y ponemos en el punto de mira los potenciales de desarrollo que todavía no han sido descubiertos, porque las decisiones que marcan el rumbo hacia el futuro ponen las bases para el progreso y el crecimiento. En 2017 tomé una decisión que marcó la dirección a la que me dirigiría, la mejor decisión de mi vida empresarial. El motivo fue de nuevo una crisis, que comenzaba a vislumbrarse al menos en sus primeras fases. Hasta 2017, Karatbars había crecido constantemente. Hasta esa fecha, nuestras facturaciones no habían dejado nada que desear. Pero nada dura eternamente, y menos un desarrollo positivo si no se hace nada a favor de él. Y así, al echar una mirada al balance, en 2017 tuve que reconocer que nuestro desarrollo estaba estancado. Ya no estábamos avanzando. Necesitábamos nuevos impulsos. Era mi turno como director ejecutivo.

Analicé los desarrollos actuales del mercado, las grandes tendencias y las innovaciones tecnológicas. Los éxitos de ventas más recientes eran las monedas digitales, las criptomonedas como Bitcoin y Ethereum. Ellas permiten realizar transacciones flexibles, rápidas y sobre todo seguras por encima de las fronteras nacionales. Son el futuro de un sistema financiero globalizado. Pero no todo lo que brilla es oro. Las monedas digitales están sujetas a los altibajos de los mercados. Su volatilidad es un riesgo. Y precisamente aquí estaba la oportunidad para Karatbars. Como en un gran rompecabezas, se fue integrando en mi mente una idea exactamente con la otra. Nosotros seríamos los primeros que crearíamos una moneda digital rápida, libremente transferible y al mismo tiempo estable. La cobertura con oro de nuestra propia criptomoneda era la clave para una nueva moneda mundial, un proyecto más grande que cualquier cosa a la que me había enfrentado antes. Los Estados, los bancos, las personas de todo el mundo se beneficiarían de ello. Las ganancias que obtenemos con este proyecto no solo han superado el estancamiento del crecimiento empresarial de Karatbars, sino que más allá de eso nos proporcionan espacios de maniobra financieros en una nueva dimensión que también benefician a nuestras actividades caritativas. Este es aspecto que quisiera enfatizar especialmente en este contexto, además del desarrollo futuro de Karatbars.

Se espera de usted, como empresario exitoso y adinerado, que interceda a favor de los que son más débiles, que tenga un compromiso social. Los valores sociales y humanitarios desempeñan un gran papel para muchas personas. No son pocos los que dan forma a su vida mediante estos estándares y, de acuerdo con ellos, deciden con quién hacen negocios o qué consumen. Solamente hay que ver todo el auge de la producción de alimentos biológicos para entender las transformaciones fundamentales en las mentes de muchas personas. El cliente ya no piensa solamente en su propio bienestar material, sino que también toma en cuenta las consecuencias sociales de su conducta, empezando por la compra de determinados productos. Precisamente, ya no es solamente el precio lo que cuenta, sino que se le añaden una gran cantidad de factores secundarios.

¿Deseo apoyar la empresa correspondiente? ¿Cómo y en qué condiciones se ha producido un producto? ¿Puedo asumir la responsabilidad personal por la forma en que se produce? Ese tipo de preguntas se plantea un creciente número de clientes, al menos en el hemisferio occidental. Con un compromiso social sincero, usted puede dar las respuestas adecuadas

Pero no debe apoyar proyectos sociales solamente por las expectativas públicas al respecto. Si solamente se deja impulsar por sus observadores, corre el peligro de ser etiquetado como débil y determinado por fuerzas ajenas. Sin embargo, como empresario independiente y autónomo, precisamente quiere evitar esta «imagen de marioneta», le hace daño a su reputación y le roba el carisma auténtico.

Y la autenticidad es de gran importancia, precisamente ahora en tiempos de prácticas de negocios dudosas, de un anonimato que se extiende cada vez más y de una vida que se vive cada vez más rápido. Por eso estoy orgulloso de que nosotros hayamos creado de manera autónoma en Karatbars un concepto que combina lo nuevo y lo antiguo. El oro, con 5000 años de antigüedad, un ancla en tiempos de crisis financieras y decadencia de la moneda, por un lado; y una moneda digital como heraldo del mundo financiero moderno, por el otro: estos son los ingredientes para un concepto del futuro exitoso.

El tiempo apremiaba, el concepto estaba listo. Para convertir nuestro proyecto en realidad, iniciamos en febrero de 2018 un Initial Coin Offering (ICO), un procedimiento con el que personas de todo el mundo pudieron invertir en nuestra recién creada criptomoneda y de esta manera nos allanaron el camino hacia la bolsa de valores. Ya después de tres meses se reunieron de esta manera más de 100 millones de euros mediante la venta del KBC (Karat Gold Coin). Con eso, ya podíamos trabajar. Ese fue el pistoletazo de salida para una nueva era en Karatbars. Estos 100 millones de euros constituyeron el capital base de nuestro primer banco, y del primer banco con una criptomoneda en general. El 4 de julio de 2018 llegó el momento: el Karatcoin Bank abrió sus puertas en Miami. Fue una fecha memorable para el siguiente hito en la historia de nuestra empresa. ¿Qué día hubiera sido más adecuado que el 4 de julio, el día de la independencia de los Estados Unidos de la Corona Británica? Independencia, libertad, mentalidad de futuro: eso es lo que significa el 4 de julio. Estos son los principios fundamentales de la identidad estadounidense. Y, al mismo tiempo, son las convicciones fundamentales que nosotros compartimos en Karatbars. Ninguna otra fecha de inauguración hubiera podido realzarlo mejor. Pero eso era solamente el principio,

porque ya un mes después arrancó nuestra aplicación de e-wallet, con la que el cliente puede controlar sus negocios financieros en Karatbars, ya sea desde su casa o por el camino. Con ella, las monedas digitales tradicionales como Bitcoin o Ethereum se pueden intercambiar rápida y fácilmente en KBC, de ida y vuelta. Todo cliente, ya sea privado o comercial, se beneficia de las tarifas de transacción favorables y de los altos estándares de seguridad que garantizamos. Porque todos los datos almacenados se guardan en un servidor de alta seguridad, no tiene sentido intentar hackearlos.

Pero eso no es todo. Para poder garantizar una inversión monetaria estable también en el futuro, hemos adquirido junto con un socio una mina de oro en Madagascar en agosto de 2018. Para hacer posible una cooperación todavía mejor más allá de esta empresa conjunta, nuestro socio está trabajando ya directamente en Karatbars. En la mina se almacenan reservas de oro equivalentes a más de 900 millones de euros, con lo que quedan sentadas las bases para un futuro seguro. Que esto no es una promesa vacía, lo hemos demostrado en septiembre de 2018. Desde entonces se encuentran almacenados en nuestras bóvedas 135 kilogramos. Un valor realmente existente que constituye la base de nuestro sistema de pagos y crea confianza.

Esta confianza también es el componente fundamental para un compromiso social sincero. Para que su compromiso también sea lo más efectivo posible, al principio debería haber una fase de sólida autorreflexión. Comience consigo mismo. También usted no solo es el director ejecutivo de una empresa, sino también cliente en innumerables casos. ¿Qué es importante para usted? ¿Qué se debe mejorar urgentemente en el mundo? ¿Qué proyecto es digno de recibir apoyo y encarna sus ideales de una vida mejor?

No aporta nada repartir dinero ciegamente por ahí con el lema: «ya traerá algún buen efecto.» No, con su compromiso quiere mostrar qué es lo que significan usted y su empresa, qué filosofía sigue, que valores quiere fortalecer. Aproveche su compromiso social, el tiempo y el dinero que invierte en proyectos correspondientes para reforzar su actitud con hechos. Usted no es solo un pensador: también es un hombre de acción, participa activamente en el desarrollo y asume responsabilidades. Ese tiene que ser el mensaje. Estos aspectos tienen que estar en el centro de sus reflexiones.

Si el cliente puede comprender por qué razones usted participa en un proyecto, apreciará de una manera totalmente distinta la importancia del trabajo de su empresa. Es probable que ya no defina únicamente su ventaja totalmente personal, sino que también vea el beneficio que tiene su empresa para la sociedad en su conjunto. De esta manera, la relación comercial le da la sensación de hacer algo bueno más allá de su ventaja personal, es decir, no solo para sí mismo, sino también para sus semejantes. Justo esto es lo que puede elevar la relación con el cliente a un nuevo nivel. Especialmente si la competencia ofrece productos o servicios semejantes, su compromiso social puede marcar la diferencia, porque la gente sabrá apreciar su empresa por su compromiso social.

Esto también se refleja en usted como director ejecutivo. Con el éxito alcanzado ha demostrado que es capaz de mirar más allá de su propio mundo, de ponerse en la perspectiva de otros y de pensar a largo plazo. Esto es precisamente lo que ahora se demanda de nuevo en la creación de proyectos caritativos.

Pensar a largo plazo, dirigir la vista al futuro y hacer realidad visiones: precisamente eso es lo que hacemos en Karatbars. En noviembre de 2018 abrimos un Exchange propio, una bolsa digital en la cual se pueden intercambiar Coins. El cliente indica cuántas y qué Coins desea adquirir a qué tipo de cambio para iniciar la solicitud de búsqueda. Si el Exchange encuentra una oferta adecuada, se realiza la compra. Un procedimiento rápido, seguro y flexible con KBC como la unidad de valor representativa. Una bolsa internacional en la cual puede comerciar cualquier persona, independientemente de su ubicación y su origen. Un proyecto único y que hasta el momento nunca se había dado, basado en la tecnología blockchain, el siguiente paso para un sistema financiero vinculado en redes a nivel global en el que pueden participar todos, que no conoce fronteras, pero que tiene infinitas posibilidades. El blockchain es una base de datos descentralizada que crece con cada transacción, una cadena de bloques de datos, que se va prolongando pieza por pieza. El sistema es descentralizado porque cada ordenador conectado a la criptomoneda almacena su propia copia 1 a 1 del blockchain. Esto hace al sistema mucho menos vulnerable a ataques y, con ello, más seguro que las bases de datos centralizadas. También reduce al mínimo los riesgos y ahorra costes en las transacciones financieras. Esto es precisamente lo que aprovecha nuestra criptomoneda, el KBC. Este es el futuro. Inversionistas, embajadores o ministros de finanzas han llamado a nuestra puerta porque comparten nuestra visión y porque se han dado cuenta del potencial que tiene nuestra innovación. Estamos poniendo las bases para una transformación del mundo de las finanzas, tan profunda, tan fundamental como nunca se había dado. Para ello, voy a poner en funcionamiento todas las palancas. Con una forma de proceder adecuada, al final se da una situación en la que todos ganan. También usted puede ayudar de manera práctica a las personas, apoyarlas donde sea más urgente y al mismo tiempo utilizar su competencia lejos de lo puramente económico, a saber, en el ámbito social, y de esta manera demostrarla repetidas veces.

¿Recuerda lo que dije sobre el éxito y la gratitud? Toda persona merece aprecio, sin importar qué actividad ejerza. Con su compromiso, usted expresa este aprecio por sus semejantes de manera visible y efectiva. Es una prueba de empatía y prudencia si canaliza parte de su dinero a aquellos que se encargan de tareas importantes pero que no siempre reciben el aprecio que realmente merecen. Piense por ejemplo en los innumerables colaboradores honoríficos en las organizaciones sociales. Precisamente en este punto, usted como director ejecutivo asume un papel precursor. Muestra que no vive en una burbuja de cifras y balances, lejos de la realidad cotidiana de las personas, sino que más bien reconoce los extraordinarios logros que hacen posible en primera instancia nuestra convivencia en la forma actual. Se puede convertir en un modelo para otros jefes de empresa y administradores de élite. En un caso ideal, estos compartirán su actitud, y de un compromiso aislado se desarrollará una campaña de apoyo de amplias dimensiones. De esta manera se puede mejorar el mundo, pieza a pieza y paso a paso.

Por cierto, la confianza también se genera de esta manera. ¿Quién va a querer hacer negocios con alguien que le da la impresión de que siempre va solamente tras su dinero? El hombre de negocios voraz, que quiere aprovecharse de todo sin escrúpulos, sin tomar en consideración la moral ni la decencia, es más bien un enemigo que un amigo. Tratar con esa gente nos deja una sensación desagradable. Tal vez saquemos una ventaja personal del negocio, pero también nos deja un malestar personal. A la larga, esto no lo aguanta ninguna relación comercial de varios años.

No, la ética de un comerciante honesto es diferente, y al mismo tiempo es tan simple como precisa. Se trata de dar y recibir. Todas las cosas tienen dos lados. Como el yin y el yang en la filosofía china, como la victoria y la derrota en el deporte, como la alegría y la tristeza en la vida. Estas distinciones fundamentales tienen también su importancia en la vida comercial. No se puede recibir sin dar. Quien siempre solamente recibe sin dar, pronto no recibirá ya nada más. Toda relación comercial está basada, al igual que toda relación humana, en la reciprocidad. Se da algo porque se recibe algo a cambio, y viceversa. Usted le da atención a su cliente, él le entrega su confianza. Usted genera ingresos de la sociedad y devuelve una parte de ellos para asegurar mejores condiciones. Así, usted sigue siendo parte del sistema, parte de un ciclo que sostiene a la humanidad desde hace siglos y nos ha dado la capacidad de crear tanta riqueza de vida y variedad, de ideas e innovaciones. Como director exitoso, usted es un importante motor para el progreso social. No rehúya esta responsabilidad, más bien enfréntela activamente. Organice el mundo con las posibilidades que le han sido dadas ahora en lugar de almacenar sus recursos. Quedarse quieto es ir para atrás. El mundo requiere nuevos impulsos, y usted puede dárselos.

En eso radica también un gran potencial para su felicidad personal. Por mi experiencia, sé que simplemente da gusto devolver algo a la gente, ver cómo el mundo cambia para bien y sentir que uno ha contribuido a ello en algo. Hay tanto sufrimiento en la Tierra, ya sea en grandes o en pequeñas dimensiones. Guerras, catástrofes naturales, hambrunas dominan los titulares de los diarios. Pero también hay muchos problemas en lo aparentemente pequeño, cosas que no son visibles de inmediato, de las que no se les da mucha difusión ni se discuten mucho. Al respecto, muchas veces pienso en mi niñez y los problemas de alcoholismo de mi madre. Estoy seguro de que muchos niños en Alemania siguen teniendo problemas para recibir en su entorno el apoyo y la fuerza que realmente necesitarían para estar bien equipados para su vida futura. En proyectos sociales se puede subsanar esta carencia, al menos en parte. Con eso quiero decir que hay muchas posibilidades en las que usted puede mejorar el mundo a través de su participación, a través de su entrega. Con ello fomenta el bienestar social y cumple con su propia exigencia, su propia responsabilidad que tiene como empresario exitoso. En el mejor de los casos, en el marco de los proyectos de beneficencia puede incluir no solamente recursos financieros, sino también su competencia personal.

Tras nuestra serie de GoldCards, en Karatbars mandamos a elaborar una Charity GoldCard. En este caso, se trata de algo único de valor especial. En lugar de su apariencia usual, las Charity GoldCards tienen diseños especiales del Real Madrid y de MotoGP, con los que teníamos una cooperación. En otra tarjeta de esta serie estamos representados el actor estadounidense Vincent De Paul y yo. En esta campaña, aparecemos con nuestros nombres, y de esta manera quisiéramos contribuir a su éxito. Esta tarjeta representa también la filosofía empresarial de Karatbars, precisamente por lo que se refiere a devolver algo de lo que nos han dado. Esta GoldCard de características únicas se va a subastar entre nuestros distribuidores para un fin benéfico. De esta manera transmitimos también a nuestros socios y clientes el mensaje de la responsabilidad por nuestros semejantes y de la solidaridad con ellos. Utilizamos uno de nuestros productos, lo modificamos un poco y así, además del valor puramente económico, también le damos un valor social añadido. Así funciona Charity.

¿Realmente todo era mejor antes? Yo creo que no, solo que tal vez había otros problemas diferentes a los de ahora. Pero la diferencia decisiva consiste en que ahora, a través de Internet de las redes sociales, podemos enterarnos mucho más del sufrimiento de las personas en el mundo. Esto debería llevarnos a intervenir activamente nosotros mismos, a actuar en favor de los más débiles, aunque a veces solo sea un pequeño gesto de disposición a ayudar, una palabra de aliento o el apoyo con cosas muy básicas. Ya eso hace un poco mejor nuestro mundo. Para fomentar esto, hemos desarrollado la tarjeta World of Charity Card, una GoldCard que debe recordar a su propietario que ayude a sus semejantes. La persona que ayuda puede transferir la tarjeta para recordar también a los demás su responsabilidad social. Cuantas más personas se unan, más podemos lograr. Charity significa ayudar juntos a los que requieren ayuda. Si emprende actividades sociales con toda su empresa, la transparencia es lo más importante. El cliente interesado sabrá concreta y ampliamente qué proyectos sociales está apoyando. La transparencia crea confianza. Debe evitar a toda costa dar la impresión de que el dinero usado al final vuelve a canalizarse a usted. Tales métodos dañan a largo plazo la imagen de la empresa. La falta de credibilidad mata las relaciones comerciales exitosas, porque solo con una confianza recíproca se pueden realizar buenas transacciones comerciales y establecer relaciones a largo plazo.

Puede ser de gran utilidad si no solamente dona el dinero, sino además revisa exactamente qué pasa con él. Con esto no quiero desacreditar la simple donación de dinero, pero tengo la impresión de que muchas personas se lo ponen demasiado fácil. Donan una cierta cantidad de dinero a una organización, tienen la conciencia tranquila un par de días y luego esperan que con el dinero donado suceda algo que tenga sentido. El escándalo por abuso sexual por empleados de Oxfam en países en desarrollo ha mostrado que una forma de pensar así encierra muchas conclusiones erróneas. Claro que cuesta tiempo y esfuerzo acompañar con atención cada uno de los proyectos apoyados, pero solo cuando tiene la conciencia tranquila de que su dinero llega a donde se necesita más urgentemente, puede también presentarlo con credibilidad ante sus clientes y socios comerciales. El gasto que invierte al principio para acompañar las actividades de beneficencia se retribuye en forma de una imagen íntegra de su empresa, que a continuación puede seguir desarrollando con un sentimiento positivo. Por ello, nosotros en Karatbars hemos pasado a seguir activamente los proyectos que apoyamos. Queremos ver qué pasa con el dinero, cómo se utiliza real y muy concretamente, y qué efectos logramos con ello. Observar con atención es indispensable en cuestiones financieras. Esto se ha confirmado muchas veces en mi historia como asesor de inversiones. Si debe suceder algo que tenga sentido con el dinero, dejarlo sin mucho control es un medio erróneo. Decir rápidamente sin darle mucha importancia «¡Ya saldrán bien las cosas!» puede tener una buena intención, pero no contribuye a que el capital invertido tenga el mayor efecto posible. Y precisamente de este efecto, de este impacto, es de lo que se trata. Da igual si se trata de la ampliación de su empresa o el apoyo efectivo de un proyecto social. Tiene que asegurarse de que los recursos invertidos desplieguen el efecto más grande posible.

Aquí puede tener sentido desarrollar y, a continuación, realizar los proyectos propios en asociación con entidades sociales. Junto con la UNESCO estamos planeando ahora una entrega de premios para personalidades especialmente emocionales y dignas de apoyo. Los premios entregados están dotados de un premio en efectivo y tienen como objetivo recompensar a personas que ya han creado grandes cosas en beneficio de la sociedad. Con ello, también queremos motivarlas para el futuro, para que sigan utilizando sus capacidades para buenos fines. Queremos apoyar a personas que han mostrado que, con su capacidad de acción, su voluntad y sus competencias son capaces de cambiar positivamente el mundo. Precisamente esas personas son las que merecen un apoyo, porque son las precursoras de un mundo mejor, de un progreso para el bien de todos. Con el premio, queremos llamar la atención hacia ellas. Por un lado, simplemente porque se la han merecido por su extraordinario logro. Por otro lado, porque de esta manera se pueden convertir en un modelo, posiblemente para generaciones enteras que también quieran comprometerse en favor de los intereses sociales. Antes de la entrega de premios, evaluamos la efectividad y eficiencia del proyecto social. Naturalmente, todo compromiso social tiene el objetivo de mejorar la vida de la gente, pero no todo proyecto logra este objetivo de la misma manera. Las grandes organizaciones tienen el problema de que muchos fondos de las donaciones desaparecen en las profundidades de su administración sin que al final reciban algo de ellos las personas que los necesitan. La cadena hasta el receptor final es demasiado larga, y en cada estación se va reduciendo la cantidad de dinero aportada. Sin embargo, para que el apoyo no termine siendo una gota en medio del océano, sino que realmente logre algo, el proyecto apoyado debe estar bien pensado e inteligentemente concebido. Esperamos de los socios que apoyamos que sepan dónde es necesaria una intervención para que el beneficio sea lo más grande posible para la sociedad. Igual que un inversionista en bolsa reflexiona exactamente en qué acciones va a invertir, también un encargado de proyectos de beneficencia debe tener claro qué proyectos alcanzan el máximo impacto social con el dinero utilizado. Con ello, de ninguna manera quiero sugerir que se puedan aprovechar entre ellos del sufrimiento y la indigencia de diferentes personas y que se puedan comparar. Cada persona tiene sus problemas y una forma diferente de enfrentarlos, pero también sé que mis posibilidades son limitadas, incluso siendo un empresario con éxito. De alguna manera se debe decidir a quién o a qué se le va a asignar el dinero y el esfuerzo. Aquí, la biografía personal, las experiencias propias, los contactos desempeñan sin duda un papel muy importante, Pero también se debe ser consciente de en qué lugares se puede modificar la vida de las personas de la manera más eficaz y sostenible.

En un primer momento puede sonar tal vez absurdo considerar también el apoyo de proyectos sociales a través de la lente de la economía. A fin de cuentas, se trata de generar impulsos positivos independientemente del éxito económico. Por ello, no pocas veces se les reprocha a las empresas que solamente fingen su compromiso social para mejorar su prestigio y de esta manera seguir aumentando sus ventas. Seguro que esta idea puede estar detrás de algunas actividades de beneficencia, pero esto no debe conducirnos a presentar a las empresas per se socialmente comprometidas como poco dignas de crédito y a ponerlas en un rincón sospechoso porque, incluso cuando detrás del compromiso se encuentran también consideraciones económicas, esto no modifica en absoluto el beneficio social de la campaña de donaciones o de apoyo. Cuando los objetivos sociales y económicos van de la mano, las probabilidades de éxito para un apoyo a largo plazo son mayores. Ambos lados se benefician y están interesados en otras cooperaciones: un proyecto con dos ganadores. ¿Qué se le puede reprochar?

Puede ser moralmente mejor apoyar los proyectos sociales sin consideraciones económicas. En eso estoy de acuerdo. El sufrimiento y la indigencia de la gente no deben instrumentalizarse con fines económicos. Pero, a fin de cuentas, de lo que se trata es de ayudar a las personas involucradas, Incluso cuando vaya acompañado de las ambiciones económicas de una empresa, esto no reduce el beneficio social del apoyo. Siempre es mejor cuando se lleva a cabo un compromiso social. En cualquier caso, mejor que no hacer nada por miedo de que se nos pudiera condenar por reservas morales.

Pienso que la mayoría de la gente estaría de acuerdo conmigo en esta consideración. En cambio, sería mucho más dañino para la credibilidad de su empresa actuar de manera contradictoria. Nadie le creerá si pone a disposición fondos para proyectos en el

Tercer Mundo, pero al mismo tiempo se aprovecha de los estándares de salarios y protección laboral, extremadamente bajos, que privan en esos países. No quiero condenar moralmente a nadie. Cada uno debe asumir la responsabilidad por lo que hace, pero si el compromiso en beneficencia y la estrategia de la empresa difieren tan enormemente, pronto se verá expuesto a preguntas críticas y desconfianza. Por eso, considere la programación de actividades de beneficencia como una parte integral de su planificación empresarial. Con demasiada frecuencia son precisamente las actividades sociales las que se negligen en las empresas. Se dice que estas cosas no tienen nada que ver con el éxito inmediato de la empresa o con la operación del negocio, que solamente existen para cuidar un poco la imagen. Sin embargo, es exactamente la actitud contraria la que debería privar en su empresa, porque una participación social es más exitosa para ambas partes cuando está integrada en la estructura de la empresa correspondiente, cuando los procesos de organización y planificación están compaginados y cuando los proyectos están coordinados óptimamente. La beneficencia se debe tomar en serio.

Por ello, he asignado esta tarea a mi hermana, una persona a la que le tengo una confianza especialmente grande. Con ella, sé que estos temas están en buenas manos. Puedo contar con ella total y completamente. Y ella, como ninguna otra persona, está capacitada para dirigir nuestra división de beneficencia. La disposición a ayudar y la participación en favor de otras personas son cosas que han caracterizado a mi hermana desde siempre. Le hace feliz poder apoyar a otras personas. Así era en su trabajo como cuidadora de ancianos y así será también en Karatbars, de esto estoy convencido. No sé exactamente de dónde le viene esta increíble pasión por ayudar, pero a veces pienso que yo también contribuí un poco a su gran disposición para ayudar cuando me ocupaba de ella cuando era joven, la cuidaba y la protegía como si fuera mi propia hija. Era la época en que mi madre y mi abuela se ocupaban sobre todo de sí mismas por sus problemas de alcoholismo. Yo asumí la responsabilidad por mi hermana, la llevaba al parque, y tal vez incluso le salvé la vida cuando sufrió de laringitis aguda. Tal vez mi pequeña hermana ya sentía a su tierna edad de un año lo que significa interceder por otros, apoyarlos en los momentos más difíciles de su vida. Quizá se desarrolló profundamente en su interior una necesidad de dar a otras personas el cariño que yo le daba. Tal vez sintió en esos momentos críticos el valor que tiene ayudar a otros cuando ellos ya no pueden ayudarse a sí mismos. Estoy convencido de que sus grandiosas cualidades provienen también de aquellas vivencias de la infancia.

Lo que sucedió a pequeña escala en aquellas horas entre mi hermana y yo, también se puede pensar en dimensiones mayores. Esta es para mí la misión de un buen trabajo de beneficencia: crear perspectivas para personas que están marginadas, ayudar a las personas cuando ellas mismas ya no ven un camino o están demasiado débiles para avanzar. Mi hermana comparte esta visión, no solamente desde el punto de vista intelectual. La siente con todo su corazón.

Permítame aportar todavía unas palabras sobre el aprovechamiento óptimo del trabajo de beneficencia para su empresa. La gestión social de proyectos no solamente debe estar integrada en la estructura de la empresa, sino que también ir de la mano de un trabajo de prensa profesional. Y es que, de acuerdo con la experiencia, sus más grandes críticos y los que finalmente deciden sobre la credibilidad de su empresa son los periodistas. A cada país libre le corresponde un ámbito público crítico. Los periodistas asumen esta tarea con responsabilidad poniendo el dedo en la llaga una y otra vez. El periodismo moderno se enfoca en los defectos, busca escándalos. Así funciona el mundo de los medios. Pero con un trabajo de prensa inteligente puede destacar precisamente los aspectos positivos de su participación y, de esta manera, convencer al público del valor de su empresa. Una crítica positiva y seria de una pluma periodística consigue mucha más credibilidad que cualquier anuncio en un diario, por grande que este sea, que contrate usted mismo. Porque el mensaje de un artículo positivo es el siguiente: aquí, una persona independiente, formada para cuestionar críticamente, ha elogiado su trabajo. En cambio, en un anuncio publicitario solamente se elogia usted mismo. Los artículos periodísticos se consideran generalmente como una fuente objetiva, como un indicador de la utilidad y la sinceridad del compromiso social. Si ha seleccionado su proyecto con cuidado e integrado bien la campaña de beneficencia en la estrategia de la empresa, no tiene nada que ocultar. Todo lo contrario, sea transparente y muestre qué efectos tiene su apoyo. Precisamente cuando hay un motivo concreto, como por ejemplo una entrega de premios, los medios pueden retomar esta información y procesarla. De esta manera transmitirá a un público más amplio una imagen muy positiva y al mismo tiempo auténtica de su empresa.

Todos estos factores se reflejan en su credibilidad como empresario en el entorno profesional y como persona en el ámbito privado. La credibilidad es la base por excelencia para tener una buena relación con sus clientes actuales y también con sus clientes potenciales futuros. Sobre esta base se puede desarrollar la confianza de la que se alimenta toda relación comercial sostenible. En mi área, la asesoría de inversiones, esto se aplica todavía más porque, generalmente, las personas confían a sus asesores una parte importante de sus activos financieros. Pero también en otras áreas de la economía, la confianza desempeña un papel esencial.

En el mundo digital existe la amenaza de pasar por alto este punto demasiado rápido. La comunicación se ha hecho más sencilla, más rápida y posible a través de grandes distancias. Pero con ello viene también aparejado un anonimato, una falta de perfil en las relaciones entre las personas, que solamente están en contacto a través del Internet. Yo intento contrarrestar esta tendencia de manera deliberada. En grandes reuniones que se realizan por todo el mundo, las personas se pueden convencer de que detrás de Karatbars hay personas reales, caracteres sinceros. Usted tiene que hacer presencia para que la gente vea que su actitud es seria. Se trata de la responsabilidad y la convicción en favor de la propia empresa. La gente percibe si usted se muestra en público,

y esto incluye también mostrar compromiso social. Quien se compromete en favor de otros, llama la atención. Sus esfuerzos por apoyar a otras personas a nivel social le dan un realce a su perfil como empresario. Ya no es solamente el director ejecutivo que se esfuerza por maximizar las ganancias y el bienestar de los clientes, sino un hombre de mundo que también toma en cuenta otros aspectos además de las cifras y las tasas de rendimiento. Precisamente esta dimensión es la que debe expresar su actividad de beneficencia. Con el modelo empresarial clásico no puede conseguir esto.

Sea sincero: ¿su único objetivo en la vida es ganar cada vez más dinero? La vida tiene infinidad de cosas que aportar para el que está abierto a ellas. ¿No es, antes que nada, el reconocimiento por haber invertido nuestro dinero sensatamente aquello tan valioso para nosotros? ¿No es la gratitud de las personas a las que apoyamos la que le da una nueva faceta a la vida? ¿Para qué deberíamos acumular todo ese dinero si no lo aprovechamos? En el capitalismo, el dinero se puede convertir en hechos, el dinero pone las cosas en movimiento, es un motor para las transformaciones. Usted puede dar forma a estas transformaciones. Y esto de tal forma que todos se beneficien de ellas.

Esta es la expectativa con la cual se ve confrontado y que debe satisfacer. Esto se aplica aún más si también deja huellas en este mundo con su actividad empresarial. Si, por ejemplo, trabaja en la producción de mercancías, necesita una conciencia y una valoración de los recursos naturales que utiliza. No cualquier actividad económica es positiva sin limitaciones, también se deben admitir aspectos críticos de la propia actividad económica y no negarlos siempre compulsivamente. Un manejo abierto de las consecuencias, a veces menos positivas, para el entorno natural o social es el camino correcto para la autenticidad y la sinceridad.

También en Karatbars somos conscientes de las condiciones de trabajo, a veces problemáticas, que se dan en la obtención del oro. Asumimos nuestra responsabilidad como comerciantes de oro, y por tanto como parte de esta cadena de producción, intentando lograr mejoras en este ámbito. Muchas cosas se pueden atribuir a la gran diferencia de poder económico y político entre los países industrializados y los países en desarrollo, pero eso no debe ser un pretexto para descargar la responsabilidad en «los de arriba», porque ya incluso a pequeña escala se pueden lograr mejoras decisivas en la situación de la vida de los individuos. Aquí, la política y la economía tienen que ir mano a mano. También por ello estamos en contacto con políticos de todo el mundo. Se trata de soluciones conjuntas que solo se pueden encontrar si adoptamos una forma integral de considerar las cosas, si descubrimos los contextos y las causas de los problemas e identificamos los puntos de partida. Incluso si esta cooperación nos enfrenta una y otra vez a nuevos retos, distantes de la economía, seguimos siendo fieles a este camino. Abandonar no es una opción. Esto lo he aprendido como empresario y es parte de la filosofía de Karatbars.

Además, he aprendido a creer en los grandes potenciales del oro. Toda la vida me he ocupado con pasión de los más diversos modelos de negocio: desde las aspiradoras, pasando por los detectores de humo, hasta llegar a los seguros de vida, he comercializado diversos productos, pero ninguno de ellos abre la posibilidad para una mejora del mundo en una dimensión tan grande como el oro. Como pueden deducir de mis afirmaciones, soy un gran defensor del oro, porque creo que el oro puede resolver eficazmente conflictos centrales. El papel moneda como medio de pago es habitual en todo el mundo, pero trae consigo considerables inestabilidades. Considere por ejemplo la crisis monetaria actual en Turquía. Los precios de los productos más básicos, como por ejemplo el pan, casi se han duplicado. ¿Quién me garantiza que mi dinero valdrá lo mismo mañana que hoy? Las crisis internacionales, los políticos obsesionados por el poder o sin escrúpulos, generan tasas de inflación que hacen empeorar claramente las perspectivas de una estabilidad económica. En el África Central se pelean guerras por los recursos naturales, también por el oro, porque prometen riqueza en los sistemas políticos que están plagados de corrupción y nepotismo. ¿Qué puede hacerse contra estos problemas?

No quiero decir que el oro es la respuesta a todos los conflictos. Los problemas son complejos y multidimensionales. Se requieren planteamientos de solución que trasciendan el plano nacional. Pero desde mi punto de vista, el oro es un importante componente dentro de una estrategia de solución prometedora. Con una moneda basada en el oro se hace posible una continuidad financiera y con ello también económica. De esta manera se pueden reconstituir de forma continuada las economías nacionales inestables. La resistencia contra los fenómenos de crisis aumenta si una moneda se basa en la confianza y no en la especulación. También en la vinculación de una moneda basada en el oro con las posibilidades de las criptotecnologías modernas hay potenciales que queremos aprovechar con el Karat Gold Coin. Más estabilidad, más transparencia, más confianza: todo esto debe aportar una moneda con visión de futuro. Precisamente aquí se siente cómoda Karatbars, aquí es donde se requiere nuestra experiencia. Aquí podemos impulsar el mundo hacia adelante más que en cualquier otro punto. Exactamente esa es la visión para la que vivo.

En este sentido, también reforzamos nuestro compromiso en la cooperación con los funcionarios estatales. Por desgracia, la inestabilidad política y económica siguen siendo una triste realidad en muchos países. Justamente esta última produce generalmente un gran malestar en la población. ¿Quién podría ser comprensivo cuando el propio dinero, las propias inversiones experimentan masivas pérdidas de valor en el curso de una inflación? Y justo eso es lo que sucede en promedio cada 80 años. Cada 80 años se renueva un sistema monetario como reacción a la creciente pérdida de valor de la moneda usada hasta ese momento. En este sentido, las personas tienen pocas razones para ser optimistas. A menos que aparten su vista de la clásica moneda de deuda y la dirijan a otros modelos monetarios, como el de Karatbars, basado en el oro. Muchas veces hemos señalado los potenciales de nuestro modelo y hemos despertado interés tanto en representantes estatales como también en la economía privada, porque un fundamento del crecimiento económico es primero la estabilidad monetaria. Solo cuando las personas saben que el dinero que reciben hoy tendrá mañana el mismo valor, puede florecer el comercio, pero precisamente esta certidumbre es la que falta en el modelo de la moneda de deuda. Justamente en los Estados económica y políticamente débiles, se presentan caídas del tipo de cambio vertiginosas de consecuencias dramáticas para la situación vital de la población. Con una moneda estable como la que ofrece Karatbars, acoplada al precio del oro, se podría solucionar una parte de estos problemas. Se garantizaría la seguridad de planeación en las empresas y, en el ámbito privado, se posibilitarían modelos de desarrollo sostenible. De esto se beneficiarían el consumo y el comercio, asegurando un crecimiento constante.

Nosotros vemos esta oportunidad, y con nuestro conocimiento experiencia de muchos años en el negocio del oro y las monedas, estamos dispuestos a contribuir a la construcción de una moneda nueva, estable y móvil. En ello vemos nuestra misión moral y nuestra responsabilidad profesional.

Los proyectos de utilidad pública son más prometedores cuando son adecuados para la empresa, cuando esta no solo pone en juego el dinero, sino también su propia experiencia. Con la experiencia concentrada en Karatbars y nuestros recursos financieros y personales, con más de 600.000 afiliados en todo el mundo, podemos poner en marcha desarrollos positivos en cuestiones de política monetaria y financiera. Si este impulso es suficiente y realmente conduce a una realización exitosa de nuestros planes, depende también de las personas que detentan la responsabilidad política a nivel local. A pesar de todo, nunca desistiremos hasta que hayamos alcanzado nuestro objetivo.

Independientemente de eso, es importante que el compromiso social que se pretende lograr sea compatible con la orientación de la empresa. Con ello me refiero a la orientación profesional, pero también en buena parte a la referencia local. Da una impresión de autenticidad cuando, por ejemplo, un prestador de servicios de TI apoya el curso de informática de la universidad o escuela superior cercana. Cuando el comerciante de alimentos, que de todas maneras habrá de registrar en partes y de vez en cuando excedentes de inventario, los dona para las mesas de los pobres de su ciudad. Un agente de bienes inmuebles podría participar a favor de la protección de monumentos en su área de negocios para preservar tesoros culturales y asegurar la calidad de vida para las personas de su vecindario. Estos tres ejemplos tienen algo en común. Aquí, el empresario apoya en cada caso un proyecto que se vincula con su trabajo de una u otra forma. Este tipo de compromiso se ve convincente. Se le notará que no está haciendo donaciones solo porque sí y para mejorar la imagen de la empresa sino que, más bien, con un compromiso de este tipo, muestra que realmente se identifica con los proyectos que apoya.

La identificación es también el siguiente concepto clave. La gerencia, y con ello sobre todo usted como director ejecutivo, debe interesarse realmente por aquello que quiere apoyar. También aquí se aplican las directrices generales que mencioné antes respecto a la fundación exitosa de empresas a través de la convicción. Usted mismo tiene que estar convencido de su compromiso para poder transmitir este compromiso de una manera emocionalmente sensible a otros. Por un lado, a sus empleados, y por otro, a un público más amplio. Si su compromiso social realmente está vinculado con emociones, le será considerablemente más fácil realizar una presentación exitosa de sus actividades de beneficencia. La convicción es contagiosa, y también para usted es mucho más emocionante comprometerse en áreas en las que usted mismo puede aportar la mayor pasión y donde siente que puede mover algo.

Una vez que ha encontrado un proyecto tal, la parte receptora se beneficia realmente de su apoyo si usted está comprometido con el proyecto al 100 por cien, porque tales asociaciones tienen claramente mejores perspectivas de tener una larga vida útil y la experiencia muestra que la cooperación mejora en calidad conforme va aumentando su duración. También puede lograr más si planea a largo plazo y construye confianza de manera continuada. También estos son hechos que conoce de la vida empresarial y que se aplican igualmente para los proyectos de beneficencia.

Y ahora, echemos un vistazo a la efectividad de su compromiso. Solo en proyectos planeados a largo plazo puede modificar su entorno de manera sostenible y duradera para mejorarlo. Muy a menudo nos enteramos de proyectos de ayuda que se terminan tan pronto que al final no queda mucho más que la proverbial gota perdida en el mar. Eso es lo que hay que tratar de prevenir, encontrando proyectos en los cuales pueda imaginar también una participación a largo plazo y a los que pueda dedicarse con pasión y entrega.

La simple financiación no es suficiente para establecer una cooperación fructífera. En lugar de eso, debe planear con sus socios eventos conjuntos y diseñar planes para ver cómo pueden aprovecharse los recursos financieros de la mejor manera. Se trata de una convivencia productiva en la que a usted le toca un papel importante como la parte que aporta el dinero,

pero deje también a las personas que trabajan directamente en el proyecto el espacio necesario para desplegar su propio conocimiento. Confíe en las competencias de los demás involucrados, pero sin dejar que las cosas queden totalmente libres. A veces esto es un acto de equilibrio difícil. La proporción correcta de control y confianza se va sopesando en el curso de la cooperación, pero siempre hay que evitar los extremos.

Puede informar sobre los proyectos concretos de manera abierta y con relación a cada tema. Esto no solo le da a su empresa una presencia pública positiva, también el proyecto apoyado se hace más conocido y quizá pueda encontrar de esta manera otras personas que lo apoyen.

Además del efecto positivo externo que trae consigo un apoyo social para su empresa, el compromiso social también produce efectos internos, a saber, sobre sus empleados.

En Karatbars hemos logrado crear desde 2011 una plantilla de personal que ha ido creciendo constantemente. Entretanto contamos ya con 600.000 socios en todo el mundo, y también la calidad del personal en la compañía base ha aumentado constantemente con nuestro éxito comercial. En algunos casos, hemos podido obtener para Karatbars expertos en finanzas altamente especializados, empleados que aportan experiencia y conocimientos específicos, ya sea en el comercio de oro, la construcción de una moneda que funcione o la integración de tecnologías innovadoras. También gracias a estos recursos se ha hecho posible que mi visión inicial se haya ido convirtiendo poco a poco en realidad.

Con el desarrollo de una criptomoneda propia basada en el oro hemos dado el paso hacia la era digital, y estoy seguro de que vamos a poder ayudar a configurarla activamente. Porque las ventajas están de nuestro lado. No conozco ningún otro modelo de inversiones que combine con una eficiencia comparable las ventajas del oro y la moneda digital. Uno de los más antiguos soportes del valor, el oro, se combina con una de las más recientes innovaciones, el blockchain. La relativa estabilidad de la inversión en oro, complementada con la flexibilidad y rapidez de una criptomoneda, encierra enormes sinergias que estamos aprovechando en Karatbars. Estamos superando los límites heredados del pasado al ofrecer transacciones internacionales estables en su valor con tarifas mucho más reducidas de lo habitual en el mercado. Y esto en cuestión de segundos. Al mismo tiempo, garantizamos la seguridad de la inversión, cubriendo todos los valores financieros registrados con nosotros con su equivalente en oro. Para ello, comenzamos a nivel local, participando ya desde la obtención del oro. Karatbars cuenta ya con una mina de oro en Madagascar. Esto nos permite garantizar condiciones de trabajo adecuadas y dignas del ser humano a nivel local y también una cobertura segura de los valores financieros depositados con nosotros. Ya no dependemos de otros proveedores de oro, sino que sujetamos las riendas de nuestro modelo de negocio. Los límites siempre fueron para mí solo desafíos con otro aspecto. Con los proyectos de futuro de Karatbars sobrepasamos estos límites, superamos las barreras que se han formado y que hace mucho ya no son adecuadas a los tiempos. La época de las monedas de deuda tiene un final, y la economía se encuentra en un permanente proceso de globalización. Nosotros en Karatbars participamos en este proceso desmontando los obstáculos: por un lado, desmontamos los obstáculos entre los países, con posibilidades de realizar transacciones en cuestión de segundos y a buen precio; por otro, lado eliminamos obstáculos entre los diferentes bienes de inversión, como el oro, el dinero y las monedas digitales, mediante nuestro sistema de intercambios Exchange. En este proceso, también hemos dado vida a una bolsa de valores que ya no está atada a una sede nacional, como el NYSE o el NASDAQ, sino que permite el comercio internacional con documentos de acciones. Todo esto es nuevo y marcará considerablemente el futuro del sector financiero. De esto estoy seguro: esto será posible gracias a nuestras ideas, a nuestros colaboradores y socios en todo el mundo. Hasta 2020 queremos facturar de esta manera un capital de mercado de 500 millones de euros. Este es mi objetivo. Y voy a hacer todo lo posible por lograrlo. En el capítulo 2 hablé de las grandes ventajas, incluso la necesidad de tener un equipo bien armonizado. Un requisito importante para ello es la continuidad en la cooperación, tomarse el tiempo de adaptarse unos a otros, de aprender de las fortalezas y debilidades del otro y dar forma eficiente y productiva a los procesos laborales. Este tiempo solamente lo va a tener si logra vincular a largo plazo los empleados eficientes a la empresa. Una campaña social efectiva y auténtica puede contribuir a esto considerablemente. Para muchas personas es una parte importante de su imagen propia hacer una contribución a la empresa y a la sociedad con su trabajo, no solamente en cuestiones económicas, sino también sociales. Sus empleados estarán más motivados si sienten que con su trabajo en la empresa asumen una responsabilidad social. Para que suceda esto, la empresa, y sobre todo su directiva, tiene que actuar con responsabilidad social y participar en proyectos de utilidad pública. Cuanto más se identifiquen sus empleados con la empresa, también más allá del componente puramente económico, más tiempo durará su fidelidad para con usted. Precisamente si persigue campañas sociales de corte local, sus empleados sentirán pronto las reacciones positivas respecto a su empresa. De esta manera, el trabajo se pasa de simplemente cumplir una tarea a una actividad con pretensiones sociales, a una contribución para toda la sociedad. Precisamente en épocas en las que se da especial importancia a la autorrealización individual, es clave la señal que usted pone para sus propios empleados con su compromiso social.

A más tardar ahora queda claro que las actividades de beneficencia son parte integral de toda empresa moderna. Entretanto, la beneficencia significa mucho más que gastar algo de dinero. El compromiso social se ha convertido en un importante componente de la estrategia empresarial. Además, para el director ejecutivo y los empleados es también una gran motivación. Las campañas sociales son una enorme ganancia, no solamente para las organizaciones que reciben el apoyo, sino también para usted y su empresa. Funcionan fomentando la confianza entre sus clientes y socios, le dan una nueva dimensión a su perfil empresarial y le ayudan a expresar con hechos su propia filosofía empresarial. La beneficencia produce identificación, sobre todo en sus empleados; convierte su empresa, un consorcio orientado por la economía, en un proyecto comunitario del cual se benefician muchas más personas que solo los clientes. Si se toman en cuenta todos estos puntos, una cosa queda clara: una actividad de beneficencia bien realizada abre para usted personalmente y para su empresa una gran variedad inesperada de nuevas perspectivas para seguir desarrollándose.

«Pensar en grande»: esto significa dar forma activamente, seguir las propias visiones y enfocarse en lo que se tiene que mejorar. Quien únicamente está siempre en contra de algo, mantiene al mundo preso en su statu quo, en el mejor de los casos. Nuestras ideas dan forma a nuestra realidad. Así como pensamos, así vienen las cosas a nosotros.

En mi larga carrera como empresario, he aprendido a dirigir el propio espíritu hacia lo positivo, el potencial, el progreso. Quien está en una manifestación contra la guerra, pone la guerra en el centro. Participar en una manifestación por la paz sería la variante claramente mejor, porque aquí está en el centro lo que realmente se quiere alcanzar: la paz. Quien internaliza esta forma de pensar, puede convertir en realidad incluso los objetivos más ambiciosos.

Esforcémonos por crear algo nuevo, por poner una nueva idea en el mundo y por llevar la sociedad hacia adelante. Yo lo voy a seguir haciendo con Karatbars. Ante nosotros se encuentra el mundo como un gigantesco proyecto que tenemos que desarrollar. Así como yo todavía no he hecho realidad todas mis visiones, también la historia de este proyecto mundial tiene preparadas muchas cosas que todavía se tienen que realizar. Y cómo seguirá esta historia, es algo que está solamente en nuestras manos.

Sobre el autor

Harald Seiz nació en 1963 en Calw, cerca de Stuttgart, y desde 1978 ha trabajado con éxito como asesor financiero y de inversiones. En 2011 fundó la empresa Karatbars International GmbH en Stuttgart, y es su director general. Desde entonces ha internacionalizado consecuentemente y con éxito sus negocios. En 2016 fue nombrado senador por la Asociación Federal de Fomento Empresarial y Comercio Exterior de Alemania (BWA, por sus siglas en alemán).